KB025602

시작합니다,
비폭력대화

COMMUNIQUER AVEC BIENVEILLANCE EN FAMILLE
le guide pratique pour passer à l'action (ISBN-13: 978-2317012549)
Marianne Doubrère

부모의 말이 아이의 인생 태도를 결정한다

시작합니다, 비폭력대화

마리안느 두브레르 지음 | 주형원 옮김

북로그컴퍼니

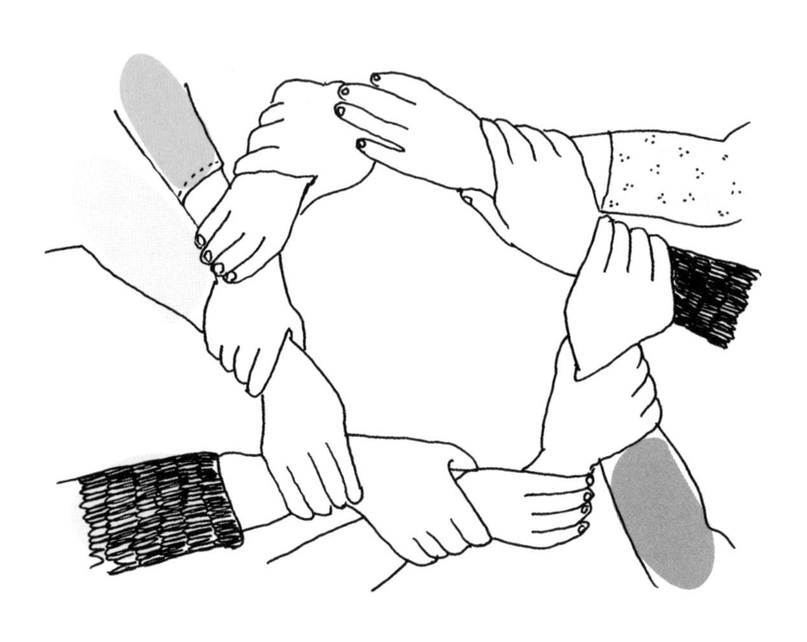

"진정한 사치는 단 하나밖에 없으니

그것은 인간관계의 사치이다."

생텍쥐페리Saint Exupery, 《**인간의 대지**Terre des Hommes》 **중에서**

부모의 의지와 연습이 필요한 비폭력대화

요즘 들어 배려와 존중을 기반으로 한 비폭력대화를 가정 안에서 실천해야 한다는 충고가 자주 들린다. 유아기 아이들의 뇌 형성 및 지적·정서적 능력에 비폭력대화가 미치는 긍정적인 영향은 이미 신경과학에 의해 입증된 바 있다.

그러나 아이들과 함께하는 가족의 삶이란 사방에 복병이 도사리고 있는 모험이며, 부모가 된다는 것은 결코 쉬운 일이 아니다. '아이를 배려하고 존중하라'는 충고가 때때로 거슬릴 때도 있다. 충고가 아닌 비난처럼 들리기도 한다.

비폭력대화는 단순히 바로 할 수 있는 게 아닌, 의지와 연습을 필요로 하는 여정이다. 하지만 이런 말을 해주는 사람은 많지 않다. 단지 '아이와 비폭력대화를 해야 해!'라고 이야기할 뿐이다. 하지만 비폭력대화는 부모 세대가 어릴 적부터 배워온 소통 방식과도 거리가 멀고, 권력관계가 분명한 현재의 사회, 직장 분위기와도 맞지 않다. 우리는 매일 다른 사람들에게 평가받으며, 다양한 관계 속에서 여러

폭력에 노출되고 있다. 너무 익숙해진 나머지 가끔은 이러한 폭력을 당연하게 여기기도 한다.

어린 시절 유치원을 나오며 길 한복판에서 울던 것이 아직도 기억난다. 유치원 보조 교사는 나의 그림이 유치하다며 더 열심히 그려야 한다고 비판했다. 내가 그 이야기를 하원 도우미에게 전하자 그녀는 말했다. "선생님의 말하는 방식이 그리 친절하지는 않네. 하지만 지금부터 그런 말에 익숙해지는 게 좋을 거야. 인생은 그런 거니까. 네가 강해지는 수밖에 방법이 없어."

나는 이런 말을 들을 때 슬퍼진다. 유일한 해결책은 '강해지는 것'이며, 세상의 폭력에 최대한 빨리 적응해야 한다는 말을 들을 때 말이다. 나에게서 우리 아이들에게까지 전해지는 이 세상의 법칙이 나는 정말 슬프다. 미래를 포기하라는 것처럼 들리고, 사회에 자리 잡기 위해서는 폭력에 익숙해져야 한다고 가르치는 것 같기 때문이다.

나는 그간의 법칙과는 반대로, 부모의 노력이 있다면 권력관계를 따르지 않는 세상을 우리 아이들이 직접 만들 수 있다고 믿는다. 또한 가정에서 배려하고 존중하는 의사소통 방식을 취한다고 해서 아이들이 덜 '단단하게' 성장한다고 생각하지도 않는다. 오히려 이를 통해 아이는 훨씬 더 안정적인 자신감을 쌓을 수 있다. 자신에 대한 믿음이 타인의 시선과 판단에 얽매이지 않기 때문이다.

그렇다면 '배려와 존중'이라는 단어 뒤에는 구체적으로 어떤 뜻이 숨어 있을까. 우선 '배려와 존중'을 '친절'과 혼돈하지 않는 것이 중요하다. 친절은 우리 자신을 완전히 잊어버리게 한다. 물론 초반에는 이런 친절이 가족을 비롯한 가까운 이들의 행복에 기여할 수는 있다. 하지만 오래 지속되지는 못한다. 스스로를 배려하지 않는 친절은 결국 '폭발'할 수 있기 때문이다. 자신에게 폭력을 가하면, 언젠가는 이 폭력이 갑작스럽게 가정에서 분출될 위험이 있다. 이건 우리가 원하는 바가 아니다. 아이를 배려하고 존중하는 일은 우리가 원하는 것을 친절로 가장해 아이에게 슬그머니 시키는 일도 아니고, 내가 원하는 결과를 얻기 위해 아이를 긍정적인 말로 꾀는 일도 아니기 때문이다.

배려와 존중은 소중한 이들과의 관계를 가꾸는 일인데, 아이와 부모가 이 관계를 유지하기 위해서는 다음의 두 가지가 필요하다.

- **아이가 겪는 감정에 대한 공감**
- **내가(부모가) 겪는 감정에 대한 솔직함**

이 책은 권력관계와 명령, 어떤 판단에서 벗어나, 부모와 아이가 자신의 감정과 욕구에 집중할 수 있도록 그 방안을 제시할 것이다. 더 이상 '~해야만 한다' 혹은 '너는/나는 ~해야만 한다' 뒤에 숨지 않고, 나 자신의 감정과 욕구에 따라 말하는 법을 당신에게 알려줄 것이다.

물론 대부분의 부모들에게 쉽지 않은 길이다. 이렇게 대화하는 것이 익숙하지 않기 때문에 비폭력대화는 우리의 모국어가 아니라는 생각이 들 수도 있다. 새로운 언어를 배우는 것과 마찬가지로 많은 시간이 걸릴 수 있으며, 적지 않은 노력과 연습 역시 필요하다. 노력한다고 해서 항상 원하는 결과에 도달할 수 있는 것도 아니다.

그런 여러분들을 돕기 위해, 아이와 비폭력대화를 하며 경험한 나의 노력과 훈련의 과정을 이 책 한 권에 담았다. 두 아이를 키우며 비폭력대화를 시작하게 된 계기, 특히 아이들과 비폭력대화를 실천하며 우리 가족이 얻을 수 있었던 변화의 키포인트를 실었다. 각 장마다 다양한 사례를 들어 독자의 이해가 쉽도록 했으며, 각각의 주제들을 다시 한 번 **실천노트**로 소개하며 핵심포인트를 부모 스스로 정리해볼 수 있도록 했다. 실천노트에 이어 **도구함**에서는 아이와 부모가 즐거운 분위기 속에서 비폭력대화를 시도해볼 수 있는 구체적인 방법을 소개한다. 마지막으로 **Q&A**에서는 몇몇 질문을 통해 이 책의 내용을 최종적으로 다시 한번 확인할 수 있다.

우리 아이들이 이 책에 실린 다양한 아이디어를 활용해 가정에서부터 자연스럽게 비폭력대화를 익힌다면 사회의 한 개인으로 건강하게 자라날 수 있을 것이다.

이제 막 비폭력대화를 시작하려는 당신과 자녀들에게 이 책이 도움이 되기를 바란다.

차례

Chapter 3 온 가족이 함께하는 실전 비폭력대화

Chapter 1

가족이니까, 더 필요한 비폭력대화

01

비폭력대화란 무엇인가

비폭력대화의 기본은
배려와 존중이다

아이와 부모의 관계는 가정의 주축이다. 아이를 배려하고 존중하며 관계를 구축하는 것은 단순히 유행을 따르는 것이 아닌, 실제 가정생활과 밀접하면서도 개인에게 큰 의미를 갖는 일이다. 이러한 의미와 의지를 기억할 때만이, 언젠가 반드시 닥치게 될 어려움과 의심의 순간에 흔들리지 않을 수 있다.

자신에게 한번 물어보자.

· 나는 왜 아이들과 배려와 존중을 바탕으로 한 관계를 맺고자 하는가?
· 나는 왜 아이들의 말을 경청하고자 하는가?
· 나는 왜 아이들과 비폭력대화를 시작하고자 하는가?

비폭력대화가 필요한 이유

비폭력대화NVC, Nonviolent Communication는 미국의 마셜 로젠버그Marshall Rosenberg 박사가 창시한 의사소통 모델로, 아이와 부모 관계뿐 아니라 세계 각국의 다양한 기관, 관계에서 유용하게 쓰이고 있다. 비폭력대화에 있어 가장 중요한 점은 '자신이 원하는 바를 상대에게 그대로 표현'하면서, '상대가 하는 말 역시 잘 경청하는 것'이다. 대화에 참여하는 모두가 만족하면서도 갈등을 해결하는 데 중점을 둔 대화법이라고 할 수 있다.

이러한 비폭력대화는 세상을 살아가는 데 있어 모든 관계에 중요하게 작용하지만, 특히 아이와 부모 관계에 있어서는 더욱더 막대한 영향을 미친다. 하루 중 가장 많은 시간을 함께하는 관계이며, 아이가 세상에서 가장 믿고 의지하는 존재가 부모이기 때문이다.

그렇기에 아이는 '부모가 하는 말'과 '부모와 나누는 대화'를 스펀지처럼 빨아들인다. 더욱이 몸과 마음이 성장하는 시기의 아이들에게 부모와 나누는 대화는 세상을 보는 렌즈와도 같다. 이 렌즈를 통해 아이는 세상을 읽는 관점을 만들고, 자신의 내면을 차곡차곡 형성해나간다. 이러한 영향력은 아이가 성인으로 성장함에 따라 점차 사회로 확장되기 때문에 '가정에서의 비폭력대화'는 더 이상 가정만의 이야기가 아니다.

상대를 조종하지 않으면서도 각자가 원하는 바를 이룰 수 있도록 돕는 비폭력대화는, 평화롭고 즐거운 가정을 만드는 데 도움이 되며 밝은 사회를 위한 시작점이 될 수 있다.

비폭력대화의 기본 요소

비폭력대화는 다음의 네 가지 기본 요소로 이루어져 있다.

· **관찰**observation : 내가 보거나 들은 것을 평가하지 않고 그대로 표현

· **감정**feeling : 관찰한 것에 대한 그대로의 느낌

· **욕구**need : 감정과 연결되어 있는 내면의 필요, 소망, 기대, 가치관

· **부탁**request : 풍요로운 내 삶을 위해 다른 사람이 해주길 바라는 구체적인 것

비폭력대화는 위 네 가지 요소로 나 자신을 표현하고 상대의 말을 경청할 수 있도록 도와준다. 이 책에서도 이 네 가지 요소를 토대로 비폭력대화를 정확하게 이해하고 실천할 수 있도록 다양한 예시와 아이디어를 제공할 것이다. 이를 통해 당신은 아이와 다음과 같이 소통할 수 있다.

· **부모의 관찰, 감정, 욕구, 부탁을 아이에게 솔직하게 표현한다.**

· **아이의 관찰, 감정, 욕구, 부탁을 부모가 공감하며 듣는다.**

이렇게 부모에서 아이로 시작한 비폭력대화는 점차 아이에서 부모, 형에서 동생 등 가족 관계 안에서 다양하게 확장될 수 있다.

중요한 건 하고자 하는 의지

아이를 배려하고 존중하는 비폭력대화는 최종 목적지가 아닌 매일의 실천이어야 한다. 이를 위해서는 다음과 같은 부모의 의지가 필요하다.

· 믿고 의지하는 견고한 부모-아이 관계를 가꾸겠다는 의지

부모는 아이에게 삶의 가치와 수단을 전달해주고 싶어 한다. 아이가 행복하게 살기를 원하며 아이와의 관계 역시 평생 지속되기를 바란다. 하지만 이미 알고 있듯 부모와 아이 관계는 언젠가는 변할 수 있기에 늘 돌봐야 한다. '지금 나는 아이와 평화롭고 행복한 관계이다. 하지만 아이가 성장함에 따라 이 관계는 언제든 변할 수 있다. 그렇기에 계속 관계를 살펴야 한다.' 이런 의지와 노력이 있어야만 삶의 다양한 역경을 거치면서도 우리가 사랑하는 이들과 서로 믿고 의지하며 앞으로 나아갈 수 있다.

· 사회의 폭력을 조금이라도 줄이는 데 기여하겠다는 의지

가정에서 배려와 존중을 실천하며 아이가 세상을 권력관계 중심으로 바라보지 않게 도와줄 수 있다. 마셜 로젠버그가 비폭력대화를 개발하게 된 두 가지 질문을 이해하면 그 이유를 쉽게 알 수 있다. 첫째, 사람은 왜 폭력적이고 공격적으로 행동하는가? 둘째, 이러한 상황에서도 어떤 사람들은 어떻게 연민의 마음을 유지하는가? 이 두 가지 궁금증에서 출발한 비폭력대화는 견디기 힘든 상황에서도 인간성을 유지하며 대화할 수 있도록 하는 데 초점을 맞추어 개발되었다. 따라서 비폭력대화를 부모와 '모국어'처럼 사용한 아이는 사회의 폭력을 줄이는 데 도움이 되는 구성원으로 자라날 수 있다.

적어도 이 두 가지가 가정에서 배려하며 소통해야 하는 중요한 목적이다. 물론 각자 지니고 있는 다양한 목적이 있을 수 있다. 그 자세한 내용은 서로 다르겠지만, 이 두 가지 목적만큼은 머릿속에 잘 간직하고 있어야 한다. 그래야만 일상에 어려운 순간이 찾아와도 배려와 존중을 매번 다시 선택할 수 있다.

비폭력대화, 의식적으로 선택해야 하는 일

부모 입장에서는 '배려와 존중'을 바탕으로 아이를 대하는 일이 자칫하면 아이를 버릇없게 하거나, 방임하는 것이 될까 봐 걱정할 수 있다.

우리는 부모이자 교육자이기에, 사회에 적응하기 위한 코드와 법칙을 아이에게 가르치고자 하고, 이는 즉각적인 피드백을 바라게 된다. 저녁 식사 시간에 조용하기, 놀이가 끝나면 곧바로 정리하기 등…. 하지만 배려와 존중을 통해서는 우리가 원하는 결과를 즉시 가져오기 힘들다. 아이를 배려하고 존중한다는 건 권력관계에 의존하지 않겠다는 다짐이고, 아이를 교육함에 있어서 상과 벌을 불필요하게 사용하지 않겠다는 결심이기 때문이다. 배려와 존중의 첫 번째 목표가 복종이 아니기에, 이는 당연한 일이다.

우리가 가정에서 비폭력대화를 하고자 한 이상 다음과 같은 결심이 있어야 한다.

우리가 중요하다고 생각하는 원칙과 가치를 아이에게 전달하고자 할 때, 강압을 쓰지 않고 아이 스스로 이해하고 받아들일 수 있게 도와주자!

단기적으로는 이런 방법이 과연 효과적일지 불확실하게 느껴질 수도 있다. 하지만 이럴 때일수록 더욱 장기적으로 봐야 한다. 강압은 늘 감시와 통제를 필요로 하지만, 아이 스스로 이해하고 받아들이면 서로 간에 신뢰가 형성된다.

우리는 아이가 독립적인 사람이 되기를 바란다. 이는 아이를 '복종하는 사람'으로 키우는 게 아닌, 삶에서 점차 독립할 수 있는 아이로 키우는 게 중요하다는 것을 뜻한다. 게다가 우리 모두 알고 있듯이, 아이가 부모 말에 귀 기울이지 않는 날은 반드시 찾아오고야 만다. 이때 배려와 존중을 기반으로 신뢰를 쌓은 부모와 아이만이 계속해서 대화를 유지할 수 있다.

아이에게 요구하는 바를 당장 얻고자 할 때도 있을 것이다. 그 순간에는 이 책에 언급된 단어와 수단 외의 다른 방법을 사용하게 될지도 모른다. 하지만 그러한 때에도 우리는 의식적으로 비폭력대화를 선택해야 한다.

비폭력대화를 선택한다는 것은 아이와 돈독한 관계를 맺고자 하는 결심이다. 그리고 이러한 관계 덕분에 쌓을 수 있었던 신뢰로 아이를 교육하고, 그와 관련한 가치, 지켜야 할 규칙들을 아이에게 전달한다는 뜻이다. 그렇기에 아이를 배려하고 존중하는 부모는 아이의 요구나 희망 사항에 늘 '예스'라고만 답하지 않는다. 또한 아이의 요구에 '노'라고 하기 위해 아이가 필요로 하는 것 자체를 부정하거나 평가 절하하지 않는다. 다만 아이의 요구와 희망 사항만큼은 언제나 귀 기울여 듣는다.

02

비폭력대화를 시작하기 전에 알아야 할 것

아이의 감정 그대로를
인정해주자

아이를 어른만큼 배려하고 존중하라

일상생활에서 창의력을 조금만 사용하면, 권력관계를 이용하지 않더라도 '즉각적인 결과'를 얻는 데 매우 효과적이다. 하지만 이는 아이의 감정이 정당하다는 것을 받아들이고, 아이와 나 모두를 배려하고 존중할 때 가능하다. 다음의 예를 살펴보자.

우연히 마트에서 친구를 만나 대화를 시작했다. 다섯 살 아이는 이 대화가 끝날 때까지 기다릴 마음이 없기에 울면서 항의한다. 다음의 말풍선은 이 상황에서 우리가 보일 수 있는 반응이다.

당장 입 다물고 엄마 말 들어, 어른들이 말하고 있잖아.

당장 뚝 그치지 않으면, 이따가 공원에 안 갈 거야!

징징대지 좀 마. 그러면 마트 나갈 때 간식으로 초콜릿 빵 사 줄게.

네가 기다리기 지루하고 싫다는 건 잘 알겠어. 하지만 엄마도 친구를 만나서 기뻐. 5분만 이야기할게. 그러니까 제발 그만 울어. 치즈 칸으로 가서 대화를 할 테니까 엄마를 위해서 카망베르 치즈를 찾아줄 수 있겠어?

이 여러 해결책들은 아이에게서 즉각적인 결과를 얻는 데 모두 효과적이다. 아이는 바로 조용해지고, 어른들의 대화를 방해하지도 않을 것이다. 하지만 이 중 무엇을 선택하느냐에 따라 아이가 받아들이는 주된 메시지는 매우 달라진다.

마지막 방법은 아이가 느끼는 감정과 부모의 필요를 모두 존중하면서도 다른 방법들처럼 효과적이다. 하지만 이 방법을 선택하기 위해서는 아이의 감정과 생각이 어른만큼 가치 있다는 사실을 전적으로 받아들여야 한다. 아직 성숙하지 못한 아이는 사회적으로 옳지 않은 방식으로 자신의 의견을 표현할 수도 있다. 하지만 이 순간에도 우리는 아이가 느끼는 감정이 정당하다는 것을 인정해야 한다.

부모 세대는 이러한 가치 아래에서 자라지 않았기 때문에, 성인이 된 후 '프로그램'을 바꾸는 일이 결코 쉽지 않다. 아이에 대한 부모의 반응은 대부분 직관적이며 즉흥적이기에, 새로운 방식으로 소통하려면 노력이 필요하다. 이 노력은 부모의 개인적 의미, 즉 목적이나 동기가 수반될 때만 지속될 수 있다. 단순히 '잘 하고 싶어서' 혹은 '아이의 행복을 위해 이렇게 해야 한다'고 생각한다면 일상에서 매번 실천할 힘이 생기지 않는다. 지극히 개인적인 동기가 있을 때만이 '소통과 관계의 프로그램'을 변화시킬 수 있는 인내를 갖게 될 것이다. 이 인내는 아이와 나를 개별의 존재로 배려하고 존중하기 위한 일상의 노력 중 하나이다.

위기 상황에서는 부모가 개입하라

아이를 비롯하여 다른 사람이 위험에 처했다는 판단이 서면 대화보다는 당연히 행동이 우선이다. 이런 상황에서는 우리 아이 혹은 다른 아이(우리 아이가 다른 아이를 때린 경우)를 보호하기 위해 우선 개입해 상황을 정리한 후, 자율성과 신뢰를 기반으로 교육을 이어가야 한다. 다음 상황을 상상해보자.

당신의 차 뒷문에는 아이를 위한 안전시설이 따로 설치되어 있지 않다. 이러한 상황에서 운전을 하다가 아이가 차 뒷문으로 장난치는 걸 보게 된다. 아이를 혼내기 전, 당신의 즉각적인 반응은 차 뒷문을 중앙 잠금장치로 고정시키는 것이다. 그렇게 해서 당장의 위급한 상황은 잘 넘길 수 있다. 하지만 다음은? 그다음에 일어날 일을 상상해보자.

아이가 위험한 행동을 다신 하지 않으리라고 어떻게 장담할 수 있겠는가. 물론 중앙 잠금장치로 뒷문을 항상 고정할 수 있다. 하지만 당신은 언제고 이를 잊어버릴 수 있고, 아이도 이런 위험한 행동을 하면 안 된다는 것을 기억하지 못할 수 있다. 그렇기에 아이 스스로 이 행동이 왜 위험한지를 알 수 있도록, 당신은 아이가 처할 수 있는 온갖 위험에 대해 설명할 것이다(차에서 떨어지고, 부상을 당하고, 옆에 가는 차와 교통사고가 나는 등). 동시에 어떤 조건을 걸지도 않을 것이다. 얌전히 있으면 장난감을 사 주겠다고 약속하지도 않을 것이고, 장난치면 집에 친구를 초대 못 하게 할 거라고 협박하지도 않을 것이다. 왜냐하면 이건 너무 심각하고 위험한 상황이기 때문이다. 당신은 왜 이 행동이 옳지 않은지를 아이 스스로 온전히 이해하고 받아들이기를 원할 것이다.

우리는 부모로서 아이에게 전달하고자 하는 삶의 가치와 규범을 아이 스스로 받아들이고 수용할 수 있도록 돕고 싶다. 이때 위험하고 심각한 위급 상황이 아니라면 행동으로 개입하지 않고 아이에게 충분히 설명하며 함께 대화할 수 있을 것이다. 하지만 심각한 상황에서는 대화 이전에 아이들을 보호하기 위한 중앙 잠금장치를 먼저 작동시켜야 한다. 그래야 빠르고 안전하게 가족 모두를 보호할 수 있다.

다만 위급 상황이 아닌 경우, 그래서 설명하고 대화하며 아이에게 어떤 사항을 전달하고자 할 때는 시간이 필요하다. 충분한 시간과 노력을 들여야만 아이가 부모의 말을 온전히 이해하고 받아들일 수 있다. 그 과정에서 여러 시행착오도 있을 것이며, 부모는 수차례 좌절을 경험할 수도 있다. 하지만 그 시간이 지나 아이가 삶의 가치와 규범을 스스로 실천한다면, 우리는 다음과 같이 확신할 수 있다.

"아이가 나를 기쁘게 해주려고, 혹은 권력관계에 복종하거나 벌을 피하기 위해서 그런 행동을 한 게 아니야! 이 행동의 의미와 필요성을 아이 스스로 이해했기 때문이야!"

이 확신은 아이와 부모 사이에 신뢰감을 형성해주고, 또 다른 상황에서도 현명하게 대처할 수 있는 밑거름이 되어줄 것이다.

이렇듯 각 상황에 맞는 대화 방식이 있다. 위급한 상황에서는 아이를 먼저 보호한 후 대화를 시작하고, 안전한 상황에서는 충분한 시간 여유를 갖고 대화를 이어가야 한다. 상황에 대한 인지와 그에 적합한 대처는 부모와 아이의 안전에 있어 굉장히 중요한 문제이며, 비폭력대화를 언제 시작하면 좋을지 알려주는 소중한 지표가 되어줄 것이다.

비폭력대화는 부모의 선택이다

의지와 목적이 모든 일의 시작이다

핵심포인트

- 가정의 소통 및 교육 방식은 언제나 부모가 선택할 수 있다.
- 비폭력대화는 아이와 견고한 관계를 유지하고 사회의 폭력을 감소시키기 위한 부모 개인의 선택이다.
- 아이에게 규범, 한계, 금지를 가르치는 데 있어서 배려와 존중은 장애가 되지 않는다.

이렇게 해보자!

나의 선택에 의미를 부여하라

· 배려와 존중을 기반으로 비폭력대화를 실천하면서 내가 추구하는 개인적인 목표가 무엇인지 정한다.
· 비폭력대화를 하며 회의가 들거나 어려움이 닥치는 순간에 이 목표들을 다시 기억한다.

늘 새로운 시각으로 일상을 대하라

· 창의력을 활용하면 권력관계를 이용하지 않더라도 아이를 향한 배려와 존중이 가능하다.
· 새로운 방식으로 소통하기 위해 계속 노력한다.

대화에 앞서 개입이 필요한 위기 상황이 있는지 확인하라

아이와 함께하는 비폭력대화

· 아이에게 육체적·정신적 위기 상황이 발생하면 보호를 위한 개입부터 한다.
· 배려와 존중을 아이들에게 전달하기 위해 일상에서 예시 상황을 계속 보여준다(부모간의 대화, 부모가 먼저 배려와 존중을 기반으로 아이에게 말하기, 어린이를 위한 비폭력대화 도서 읽어주기 등).

Q1. 아이와 어떤 관계를 쌓아가고 싶은지 구체적인 단어로 표현해보자(단어로 표현하는 것이 어렵다면 아이와 함께하는 미래의 어떤 날을 상상해서 써도 좋다).

Q2. 아이와 비폭력대화를 실천하며 내가 추구하고자 하는 개인적인 목표는 무엇인가?

Q3. 배려와 존중을 기반으로 비폭력대화를 하려고 할 때 걱정되는 점은 무엇인가?

Q4. 아이를 배려하고 존중하는 부모가 되는 게 어렵다고 느낀 순간은 언제인가?

Q5. 아이를 보호하기 위해 즉시 개입해야 했던 위기 상황이 있었는가? 혹은 아직 발생하지 않았지만 걱정되는 상황이 있다면 무엇인가?

Q6. 아이를 좀 더 배려하고 존중할 걸, 하며 후회했던 순간은 언제인가?

Chapter 2

비폭력대화를 위해 부모가 꼭 알아야 할 것

03

비폭력대화의 첫 단계, 감정 읽기

보이는 것 너머의
내면을 봐라

책을 읽고 감동하고, 영화를 보며 눈물을 흘리고, 콘서트장에서 심장이 뛰는 것을 느끼고, 아름다운 경관 앞에서 감탄하고…. 우리는 감정을 지닌 존재이기에 일상에서 이러한 순간을 수없이 경험한다.

하지만 때로는 이러한 감정 때문에 난처한 상황에 처하기도 한다. 직장 상사 앞에서, 혹은 혼자 길을 걷다가 나도 모르게 눈물이 확 터지는 상황. 이러한 당황스러운 경험이 쌓이면 주변 사람에게 감정을 들키지 않기 위해 노력하는 일에 익숙해진다. 때로는 다른 사람의 감정 또한 정중하게 무시하고는 한다.

게다가 우리는 성장함에 따라 마음에 귀 기울이기보다, 감정을 이성적으로 판단해야 한다고 배운다.

그만 좀 징징거려.
별일 아니잖아.

다 큰 남자아이가 우는 거야?

두려워할 이유가 전혀 없어!

당장 그치지 못해!
짜증 내는 건 아무 도움이 안 돼.

강해져라, 현명해져라, 착해져라…. 아이가 독립적인 사람으로 자라났으면 해서, 사회에 적응하며 행복한 삶을 살 수 있기를 바라는 마음에서 우리는 이런 말들을 하고는 한다. 아이를 위한다는 마음으로 말이다. 부모 또한 줄곧 이런 말 속에서 자라왔다. 하지만 이런 말들이 과연 우리가 희망하는 바를 이루기에 적합한 수단일까?

우리가 무시하며 지나가는 이 감정은 실로 우리의 가장 소중한 동맹자이며, 우리 자신이 어떤 사람인지 그리고 우리가 진정 필요로 하는 게 무엇인지를 알려주는 소중한 요소이다.

감정을 인위적으로 숨기는 데 익숙하지 않은 아이들은 감정적으로 굉장히 예민하다. 아이들은 웃다가도 몇 초 만에 울 수 있으며, 어른들이 볼 때는 별것 아닌 일에도 극단적으로 반응할 수 있다. 부모 입장에서는 아이를 파도처럼 덮치는 이런 감정들(흥분, 분노, 슬픔 등)이 유익하지 않다고 생각할 수 있다. 그 결과 아이의 감정을 판단하고 싶은 유혹이 들 수 있으며, 이런 감정 자체를 아예 부정하려고 할 수도 있다. 아이가 느끼는 것이 허구이거나 혹은 존재해서는 안 되는 것이라고 말하며 아이의 감정을 없애려고 할 수도 있다.

하지만 우리가 원했든 아니든 감정은 지금 여기에 있다. 우리는 스스로에게 다음과 같은 질문을 던져야 한다.

'이 감정을 어떻게 할 것인가?'

우리는 이 감정을 무시할 수도 있고, 박살 내려고 할 수도 있지만, 감정에 귀 기울이는 법을 배울 수도 있다.

강렬한 감정에 문을 닫으려고 노력하는 것은 사실 아무런 소용이 없다. 우리의 뇌는 이 감정이 생존에 필수적인 정보라고 이미 입력한 상태이기 때문에, 감정은 모든 수단을 이용해서라도 자신의 존재를 드러내려고 할 것이다. 우리에게 경고를 주기 위해 감정은 자신의 힘을 극단적으로 키울 수 있는데, 이는 다른 해악을 야기할 수도 있다.

'곧 지나가겠지'라는 단순한 생각으로 우리를 엄습하는 이 감정을 무시한다면, 우리는 우리가 가야 할 길의 절반밖에 갈 수 없을 것이다. 물론 이 감정에 '맞서 싸워야' 하는 것은 아니다. 다만 마주하지 않고 무시해버린다면 감정이 우리에게 전달하고자 하는 메시지를 듣지 못할 위험이 있다. 감정이 우리에게 전달하는 메시지를 아는 것은 우리의 행복에 큰 도움이 된다. 자신의 감정에 귀 기울이지 않는다면 어떻게 행복해질 수 있겠는가?

우리는 마찬가지로 아이의 행복에도 기여하고 싶다. 따라서 아이가 자신이 느끼는 감정을 무시하지 않고, 말로 표현하는 법을 배울 수 있도록 도와야 한다. 이를 위해서는 부모가 아이에게 모범이 되어야 한다. 우리 스스로 실천하지 못하는 것들을 아이에게 하라고 가르쳐줄 수는 없기 때문이다.

물론 감정을 받아들이고, 감정이 보내는 메시지에 귀 기울인다고 해서 내가 느낀 바를 주변 사람들에게 전부 다 직접적으로 표현할 필요는 없다. 우리는 정서적으로 성숙한 성인이기에 감정을 표현하기 전에 적절히 해소하는 법을 알고 있다(물론 항상 그럴 수 있다는 것은 아니다). 하지만 그렇지 못한 아이들은 감정을 해소하는 법을 배우기 위해 부모의 도움을 필요로 한다. 따라서 부모 자신부터 배움의 단계에서 앞서 있어야만 아이들에게도 감정을 느끼고 해소하는 법을 전달할 수 있다.

어떻게 감정을 알아채고 받아들이는가?

일단 몸에 집중하자

이 방법은 감정이 눈에 띄게 우리를 침범해 몸에도 영향을 미치기 시작했을 때 효과가 있다.

1단계 : 스스로에게 묻는다. "몸의 어디에서 느껴?" "어떻게 느껴?"

2단계 : 몸에서 느끼는 대로 흘러가도록 놔두되 이를 끊임없이 관찰한다. 감정이 사라질 때까지 어떻게 변화하는지 계속해서 언어로 묘사한다.

아이의 경우 부모가 옆에서 적절한 질문으로 도움을 주면 충분히 몸에서 느껴지는 감정을 읽을 수 있다.

감정을 물리치려고 노력하면 할수록, 우리의 몸은 더욱더 민감하게 반응할 것이다. 하지만 반대로 우리가 이를 인정하고 받아들인다면, 몸을 통해 나타나는 반응은 저절로 사그라질 것이다. 감정은 그 자리에 그대로 존재하겠지만, 적어도 우리 신체를 더 이상 침범하지는 않을 것이다.

우리가 일상에서 매일같이 목격하는 것처럼, 나와 아이의 감정은 신체를 통해 가장 먼저 드러난다. 따라서 충분한 휴식, 적절한 운동, 균형 잡힌 식사, 깊은 호흡 등을 통해 정신 및 신체를 잘 돌보며 감정을 원활하게 해소해야 한다.

신체를 통해 감정을 해소하는 데에는 여러 방법과 테크닉이 존재한다. 프랑스에서 대중적 인기를 누리고 있는 소프롤로지Sophrology는 집, 회사, 대중교통 등 어디에서나 10분 안에 정신을 치유할 수 있는 가벼운 요가법이다. 호흡법과 마사지 등 다양한 실천 방법이 있다. 마찬가지로 프랑스에서 시작된 TipiTechnique for the Sensory Identification of Unconscious Fears는 소리를 통해 무의식적인 두려움을 알 수 있도록 도와주는 감정 해소법이다. 관련 책이나 유튜브를 검색해보고, 우리 가족에게 가장 적합한 것을 아이와 함께 실행해보기를 추천한다. 감정을 해소하면서 아이와 유대감도 쌓을 수 있다.

'감정을 해소하는 것'은 감정을 무시하거나 내쫓는 게 아니다. 감정이 나를 침범하지 않도록 감정 그대로를 받아들이는 것이다.

감정을 묘사하자

어떻게 지내?

잘 지내. 너는?

나도 잘 지내.

우리가 관습적으로 하는 이 인사만 봐도 느낌이나 감정을 표현하는 우리의 어휘가 얼마나 빈약한지를 알 수 있다. 어떻게 지내냐고 묻는 질문에 우리는 '잘'이라고만 답할 뿐, 우리가 정말 어떻게 지내는지는 언급하지도 않는다.

물론 두려움이나 기쁨, 분노, 슬픔, 혐오 등의 몇몇 주요 감정은 우리의 어휘에 종종 등장하고는 한다. 하지만 이를 가지고 우리가 느끼는 감정의 섬세함을 표현하기에는 역부족이다. 또한 이런 식의 분류는 너무도 포괄적이어서, 나 자신과 아이가 느끼는 감정을 정확히 파악하기는 힘들다. 하물며 이를 바탕으로 소통하기란 더욱 쉽지 않은 일이다.

감정 어휘를 확장하자

50쪽에 감정 리스트가 있다. 이 리스트는 우리가 느끼는 감정을 말로 표현한 것들인데, 어떤 감정이 느껴질 때 여기에 있는 표현 중에 적합한 것을 골라 말해보는 연습이 필요하다. 감정을 무시해버리거나, '기쁘다' '짜증나다'로 대충 표현하기보다, 다양한 표현 중 내 마음에 가까운 말을 찾아 사용하는 것이 좋다. 또한 언제든 다른 감정 어휘를 추가하여 이 리스트를 늘릴 수 있다.

감정 어휘를 키우면 우리가 느끼는 것을 말로 표현할 수 있게 되며, 우리 아이들이 느낀 바를 표현하는 데도 도움을 줄 수 있다. 그렇게 되면 우리는 각자가 겪는 감정을 의식적으로 받아들일 수 있게 된다. 이는 비폭력대화를 위해 꼭 필요한 첫 단계이며, 이 단계를 거쳐야만 감정이 어떤 메시지를 지니고 있는지 또 우리가 필요한 게 무엇인지를 제대로 이해할 수 있다.

집에서 가족이 자주 지나다니는 장소, 아이가 자신의 감정 어휘를 찾아 수시로 방문할 수 있는 공간에 감정 리스트를 붙여두면 좋다.

아이를 강렬하게 침범하는 감정이 '몸'에 미치는 반응이 지난 후, 아이와 함께 감정 리스트 앞에 서서 아이가 직접 자신의 감정을 찾도록 연습한다. 아이가 찾지 못해 어려워할 때는 부모가 먼저 적합한 감정 어휘를 찾아 제안하는 것도 좋다. 예를 들어보자.

아이가 학교 공연을 앞두고 걱정하고 있다. 이때 우리는 아이가 느끼는 감정을 조금 더 정확한 단어로 표현하도록 도와줄 수 있다.

"불안하니? 난처하니? 아니면 겁이 나니?"

혹은 아이가 학교에서 매우 화가 나서 돌아왔을 때 감정 리스트 앞에서 다음과 같이 질문할 수 있다.

"스트레스 받았니? 기분이 언짢니? 의기소침하니?"

물론 우리는 이처럼 아이에게 딱딱한 어휘로 질문 세례를 하지는 않을 것이다. 하지만 학교에서 화가 나서 돌아온 아이는 상황에 따라 자신의 내면 깊숙한 곳에 매우 여러 감정을 지닐 수 있다. 학교 수업을 따라가는 데 어려움을 겪어 낙담했을 수도 있고 지겹다고 느낄 수도 있으며, 만약 쉬는 시간에 괴롭힘을 당했다면 두려움을 느낄 수도 있다. 이런 모든 각각의 다른 감정이 모여 분노라는 동일한 방식으로 표출될 수 있다.

이러한 이유로 '숨겨진' 감정은 처음 보이는 것보다 훨씬 복잡할 수 있다. 이러한 사실을 아이가 이해할 수 있도록 부모가 옆에서 도와주어야 한다.

아이가 느끼는 것을 표현할 수 있도록 도울 때는, 아이의 감정에 적합하다고 생각되는 단어를 부모가 먼저 제안하는 것도 좋다. 부모가 제안해주면 아이는, 부모가 언급한 단어가 자신이 느낀 감정과 일치하는지를 부모에게 말해줄 수 있을 것이다. 혹은 자신도 몰랐던 감정을 아이 스스로 깨닫는 계기가 될 수도 있다(필요하다면 감정 어휘의 자세한 설명과 예시를 아이에게 설명해주어야 한다). 물론 이때, 부모가 확신을 가지고 '너 지금 이런 감정이지!'라고 아이에게 강요하거나, '네 감정은 잘못된 거야!'라고 충고하거나 조언해서는 안 된다. 아이의 이야기에 귀 기울이며 부드럽게 대화를 이어가야 한다. 이러한 과정을 통해 부모와 아이는 점차 서로의 감정을 더욱 잘 이해할 수 있을 것이다.

나와 아이의 감정에 귀 기울이자

감정은 평생의 동맹자!

핵심포인트

· 나와 아이 모두 감정적인 존재이다.

· 감정은 우리를 방해할 수 있다.

· 우리는 감정을 무시해도 된다고 배워왔다(부모 세대는 더욱 그러하다).

· 감정은 단지 지나가는 것이다. 하지만 감정의 문을 닫아버리면 감정은 나중에 더 강하게 문을 부수고 침입할 것이다. 반대로 감정을 받아들이면 오히려 감정을 가라앉힐 수 있다.

· 감정은 메시지를 지니고 있으며, 이 메시지는 우리의 행복을 위해 필요한 게 무엇인지 가르쳐준다.

· 감정을 받아들이며, 이에 귀 기울이는 법은 배움을 통해 가능하다.

이렇게 해보자!

감정의 충격에서 견디는 능력을 키워라

· 명상법 등으로 나의 정신과 건강을 돌보며 감정을 더 잘 해소할 수 있다.

감정을 받아들이는 법을 배워라

· 감정에 대항하거나 해석하지 않고, 일단 관찰하며 몸과 감정에 집중해서 호흡한다.
· 느끼는 감정을 언어로 표현한다. 감정 리스트의 도움을 받아 관련 어휘를 점차 확장한다.
· 하나의 감정은 또 다른 감정을 감출 수 있고, 감정을 받아들이는 작업은 여러 단계에 걸쳐 이루어질 수 있다.

감정에 귀 기울인다고 해서 모든 사람 앞에서 감정을 표출할 필요는 없다

· 각자 혼자 있을 권리가 있다.
· 각자 자신의 감정에 대해 말할 권리가 있다. "나는 지금 너를 돌볼 수 없어. 하지만 내 마음이 괜찮아지면 곧 네 말을 들어줄게."

아이와 함께하는 비폭력대화

· 아이들은 감정이 예민할 때이다. 말로 아이의 감정을 평가 절하하거나 부정하지 않도록 주의한다.
· 아이가 강렬한 감정에 사로잡혀 있을 때는 감정을 잘 받아들일 수 있는 법을 가르쳐준다(몸에 집중하기, 감정 묘사하기).
· 아이가 자신이 느끼는 바를 이해하고 표현할 수 있도록 감정 어휘를 길러준다.

감정 리스트

다음은 감정 어휘를 풍요롭게 하기 위한 리스트이다

· 언제든 이 리스트에 단어를 추가할 수 있다.

· '욕구가 충족되지 않았을 때'에 나열된 감정을 '나쁜 것'이라고 간주해서는 안 된다. 모든 감정은 소중하다.

욕구가 충족되었을 때

기쁘다	벅차다	낙관적이다
행복하다	활기차다	위안이 된다
흡족하다	열광하다	만족스럽다
희망차다	감탄하다	생기가 돈다
황홀하다	환희롭다	마음이 가볍다
즐겁다	흥분하다	감격스럽다
편안하다	기분 좋다	감동적이다
평온하다	관심 있다	마음이 놓이다
평화롭다	자극받다	날아갈 것 같다
담담하다	놀랍다	영감을 받다
차분하다	짜릿하다	열정적이다
침착하다	자유롭다	자랑스럽다
안정되다	후련하다	마음에 들다
충만하다	든든하다	
애틋하다	자신 있다	

욕구가 충족되지 않았을 때

불안하다
걱정된다
무섭다
겁난다
두렵다
슬프다
지친다
불행하다
역겹다
외롭다
지루하다
격노하다
화나다
분하다

우울하다
피곤하다
짜증 나다
곤란하다
불편하다
질투하다
충격받다
싫증 나다
낙담하다
괴롭다
놀라다
정신없다
회의적이다
의심스럽다

당황스럽다
절망스럽다
무기력하다
불만스럽다
소름 끼치다
신경질 나다
망설여지다
혼란스럽다
싱숭생숭하다
조립스럽다
마음 상하다
조바심 나다
기진맥진하다

감정카드

왜 필요할까?

· 감정과 친숙해지기 위해서
· 감정에 이름을 붙여 말하는 습관을 들이기 위해서
· 아이와 사용하는 어휘를 풍부하게 하기 위해서

언제 하면 좋을까?

· 하루 중 필요하다고 느낄 때 언제나
· 하루를 시작하기 전, 학교에서 돌아왔을 때 등 하나의 의식으로

어떻게 하면 좋을까?

6살 이하의 아이

각기 다른 감정을 표현하는 이미지를 아이와 함께 모은 다음, '감정 리스트' 어휘 아래에 적합한 이미지를 붙인다. 이미지는 함께 그린 그림이 될 수도 있고, 앨범에서 찾은 사진일 수도 있고, 인터넷에서 찾은 자료일 수도 있다.

· 어린아이의 경우 사용하는 감정의 수를 한정하는 게 좋다. 화나다, 슬프다, 기쁘다, 짜릿하다, 피곤하다, 편안하다, 걱정된다 등 아이가 이해하기 쉬운 감정 위주로 사용하자.
· 이미지는 표현과 색깔 등이 매우 자세한 것으로 골라라.

이렇게 만든 감정카드를 가족이 자주 지나다니는 장소에 놔두고, 가족 구성원 각자를 표시할 수 있는 도구도 준비하자. 감정카드를 냉장고에 붙였다면 자석, 벽에

붙였다면 스티커를 준비한다. 감정카드로 가족 모두가 자신이 느끼는 감정을 표현하자. 아이가 자발적으로 참여할 수 있도록 하고, 부모가 필요하다고 느낄 때 아이에게 제안할 수도 있다.

6살 이상의 아이

방식은 같지만 감정카드에 더 많은 감정과, 뉘앙스를 추가한다. 여러 이미지와 단어를 활용하면 좋다.

사춘기 직전 혹은 사춘기 아이

이 시기에 사용하는 아이의 감정카드는 어른과 같다. 감정을 그룹별로 분리한 뒤 가능한 한 많은 뉘앙스를 만들면서 감정카드를 활용하면 좋다.
이 시기에 접어들면 아이와 함께 카드 앞에 서서 정확한 감정을 찾는 것이 더 이상 가능하지 않을 수도 있다. 하지만 집 안에 이런 카드가 있다는 것만으로도 각각의 구성원이 자신의 감정을 표현하고 알아채는 데 큰 도움이 된다.

몸에 귀 기울이기

왜 필요할까?

· 몸으로 감정을 받아들이는 법을 배우기 위해서
· 감정에 문을 닫기보다, 감정이 전하는 메시지를 잘 이해하기 위해서

언제 하면 좋을까?

· 강렬한 감정이 들이닥칠 때
· 하루의 모든 순간에(침착하게 몸에 귀 기울이는 법을 배우고 싶을 때)

어떻게 하면 좋을까?

6살 이하의 아이

종이에 아이를 상징하는 사람을 그린다. "너는 ~라고 느끼는데, 그게 네 몸의 어디에서 일어나고 있어?"라고 부모가 질문하고, 아이가 그림에서 그 부분을 가리키거나 색칠할 수 있도록 한다.
감정으로 인한 몸의 감각이 완전히 사라질 때까지 아이에게 눈을 감고 기다리라고 한 뒤 아이 옆에 머문다.

6살 이상의 아이

아이가 눈을 감은 채 호흡이나 자세를 바꾸지 않고, 느끼는 것에만 집중하도록 한다. 아이에게 묻는다. "몸에서 무엇을 느껴? 어디서 느껴?"
아이의 대답에 따라 다시 여러 질문을 한다. "더워? 추워? 갑갑해? 긴장돼? 넓어? 커? 작아? 아파? 괜찮아졌어?"
아이가 느끼는 감각이 완전히 사라질 때까지 그 변화에 대해 계속 물어본다.

Q1. 어떤 감정은 다른 감정보다 나를 더 불편하고 힘들게 한다. 이 감정을 나 자신에게 느낄 때 더 그러한가? 혹은 내 아이나 다른 사람에게서 느낄 때 더 그러한가?

Q2. 나는 스스로에게 다음과 같이 말하는 경향이 있는가? "겁먹거나 화내거나 울거나 불평하는 것은 좋지 않아!" 주로 언제 이렇게 말하는가?

Q3. 어린 시절, 부모님은 나의 감정을 어떻게 대했는가? 존중했는가? 무시했는가? 생각나는 상황이 있는가?

Q4. 가장 최근에 느꼈던 강렬한 감정은 무엇인가? 나는 그 감정을 어떻게 다뤘는가?

Q5. 감정에 대해 대화를 나눌 수 있는 사람이 있는가? 그 사람과 가장 최근에 한 대화는 무엇인가?

04

상황에서 판단 분리하기

부모는 부모의 필터로

아이를 본다

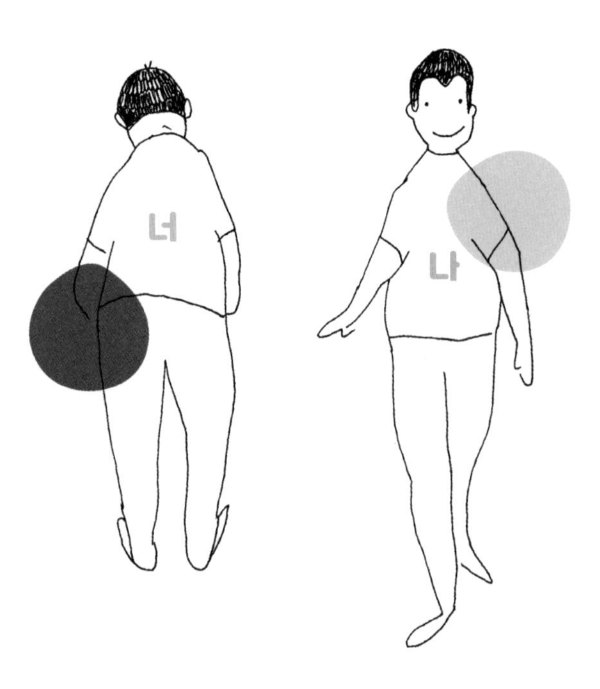

우리는 자신의 감정과 행동에 대해 자주 다른 사람 탓을 한다. 그러나 타인을 끌어들이지 않고 이 주도권을 자신이 가져올 때, 우리는 감정의 자유를 되찾을 수 있다.

감정의 근원은 부모 자신에게 있다

당신은 바쁜 일과 후 집으로 돌아왔다. 회사에서 새로운 프로젝트를 맡게 되어 기쁘기도 하지만 앞으로 일이 훨씬 많아질 것 같아 막연한 걱정도 든다. 게다가 당신의 동료는 태양이 빛나는 곳으로 2주 휴가를 떠났다. 그 생각을 하면 당신 또한 야자수 밑에서 느긋하게 칵테일을 마시고 싶은 강렬한 욕망이 든다. 교통 체증으로 길에서 1시간을 정체한 후 집에 도착한 당신이 원하는 것은 오직 하나다. 아무것도 하지 않고 평온한 저녁 시간을 보내는 것.

당신의 중학생 아이들은 학교에서 돌아와 각자 자기 방에 있고, 바닥 여기저기 아이들의 자취가 널브러져 있다. 현관 바닥에는 책가방이 던져져 있고, 잠바는 옷걸이에 아무렇게나 걸려 있다. 게다가 부엌 식탁에는 '뚜껑이 열려 있는' 잼 통, 과자 부스러기, 냉장고에 다시 넣지 않은 주스가 놓여 있다.

저녁 식사를 위해 아이들에게 토마토를 자르고 면을 삶아달라고 부탁했지만, 아이들은 이 중 아무것도 하지 않았다.

자, 여기서 멈춰보자. 위의 상황을 상상할 때 당신은 어떤 기분이 드는가? 왜 그렇게 느끼는가?

이 상황에서 당신은 다음과 같이 말할 수 있다.

"아이들은 부모가 뭐든 다 해줘야 한다고 생각하는 게 화나. 내가 퇴근해서 자기들 옷 치우고, 청소하고, 설거지하는 데 모든 시간을 써야 한다고 생각하는 거야? 처음으로 저녁 식사 준비를 도와달라고 했더니, 아니나 다를까 아무것도 안 했어!"

이러한 상황에서 우리는 실제 자신의 느낌을 받아들이기보다는 아이의 태도를 판단하게 된다. "아이들은 부모가 다 해주기만을 바라!"라고 생각하며 아이의 태도를 나쁘다거나 틀렸다고 판단한다. 그리고 아이의 그런 태도가 지금 화나는 내 감정의 원인이라고 섣부르게 결론 내린다.

이미 겪어봐서 알겠지만 이러한 상황 끝에 좋은 저녁 시간을 보내기란 부모와 아이 모두에게 어려운 일이다. 특히 서로가 서로를 이해하기는 더욱더 힘들어진다.

자신의 감정에 대한 책임은 자신에게 있다!

하지만 같은 상황에서 아이에게 화를 내지 않는 부모도 있을 것이다. 이들은 방관하는 부모인가? 반드시 그렇지만은 않다. 잘 생각해 보면 우리 역시 오늘처럼 일이 많지 않았다면, 동료가 휴가를 떠나지 않았다면, 차가 막히지 않았다면 다르게 반응했을지도 모른다. 이건 아이들이 엉망진창으로 만들어놓은 집이 내가 느끼는 감정의 '직접적인 원인'이 아니라는 증거다. 상황과 감정 사이에 '필터'가 추가된 것이다.

필터란 외부 정보를 처리하는 개인만의 방식이다. 위 예에서는 교통 체증, 어질러진 집, 준비되지 않은 저녁 식사 등 단 몇 초 안에 분노가 들끓을 수 있는 좋지 않은 필터가 상황과 감정 사이에 끼어들었다. 이렇듯 필터는 오늘 있었던 일이나 현재의 컨디션, 과거의 경험 등 여러 요인들에 의해 형성된다.

우리가 느끼는 감정에 대해 그 어떠한 경우에도 죄책감을 느낄 필요는 없다. 또한 감정의 근원은 내 안에 있는 것이지 아이들에게 있지 않다는 사실을 인지해야 한다. 아이들은 단지 이런 감정을 불러일으키는 사건을 초래한 것뿐이다. 이러한 사실을 인지하고 나면, 상황을 개선하기 위해 아이들과 침착하게 대화할 수 있는 가능성이 더 높아진다.

이렇듯 자신의 책임을 인지함으로써 우리는 자기 자신을 통제할 수 있게 되며, 어떻게 반응할 것인가에 대한 선택권을 갖게 된다. 그러니 곧바로 감정을 쏟지 말고, 나를 둘러싼 필터부터 잘 살피자.

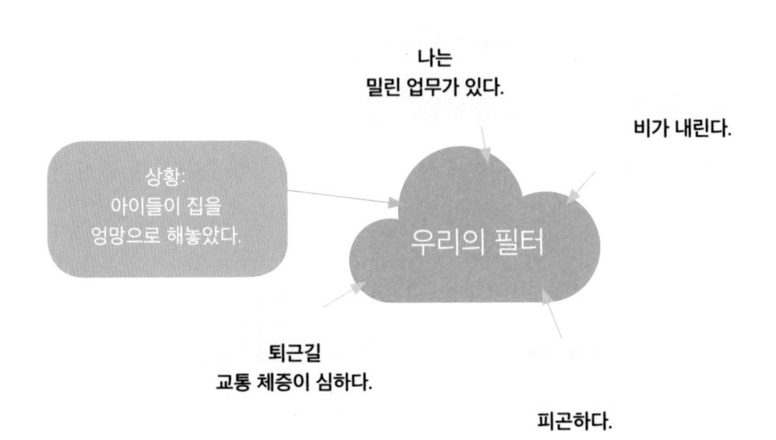
나는
밀린 업무가 있다.
비가 내린다.
상황:
아이들이 집을
엉망으로 해놓았다.
우리의 필터
퇴근길
교통 체증이 심하다.
피곤하다.

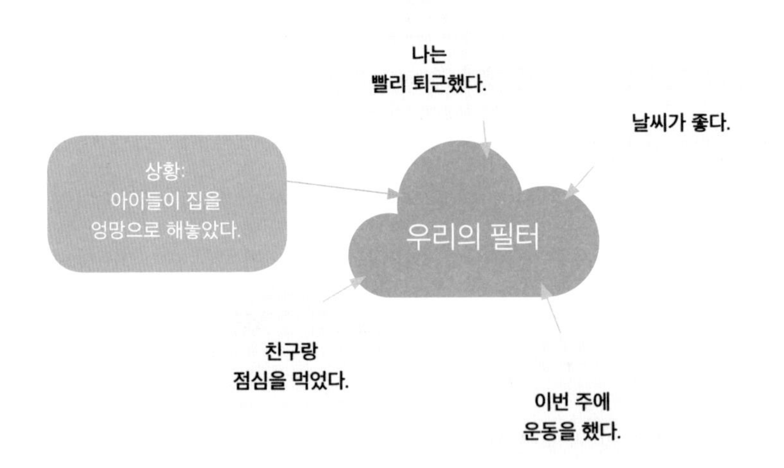
나는
빨리 퇴근했다.
날씨가 좋다.
상황:
아이들이 집을
엉망으로 해놓았다.
우리의 필터
친구랑
점심을 먹었다.
이번 주에
운동을 했다.

판단에서 벗어나야만 욕구가 보인다

1. 판단하지 않고 관찰하기

위 상황에서 관찰은 다음과 같다. '책가방이 현관 바닥에 던져져 있다. 부엌 식탁 위에는 먹다 남은 간식이 치워지지 않은 상태로 있다.'

이때 우리는 많은 판단을 할 수 있다. '애들은 자기 생각만 해' '집안일은 신경도 안 써' 등….

하지만 이때 우리의 기분이 나쁘지 않았다면 이 판단들은 다음과 같이 변했을 수 있다. '애들은 걱정이 없어' '숙제하느라 바빴을 거야' 등….

이러한 판단들은 우리의 정신 상태를 알려주는 유용한 정보지만 자신의 반응에 대한 주도권을 찾아오기 위해서는 상황에서 판단을 분리하는 법을 익혀야 한다. 그래야만 감정의 원인이 아이들, 즉 내 밖에 있다는 생각에서 벗어날 수 있다.

또한 이 두 가지를 구분하지 못하면 부모는 아이를 비난하기 쉽고, 아이는 부모의 말을 왜곡하여 받아들이기 쉽다.

부모의 판단이 '말'로 아이에게 닿는 장면을 상상해보라. "너희들은 왜 그렇게 자기밖에 모르니! 정말 이기적이야! 엄마 생각은 단 한 번을 안 해!" "너희는 집안일에는 관심도 없지? 게임밖에 모르고. 집이 돼지우리나 다름없어!"

이 말을 들은 아이가 '엄마가 오늘 힘든 하루를 보내서 정말 속상하구나' 생각하며 이해할 수 있을까? 절대 아니다. 이건 어른에게도 쉬운 일이 아니다. '엄마는 항상 우리한테만 짜증이야!'라고 생각하며, 엄마가 한 말 중에 '이기적이다' '돼지우리 같다'라는 말만 되풀이해 생각할 것이다. 상황에 판단이 개입하면 이렇듯 진정한 소통을 막고 서로 간에 오해만 낳을 뿐이다.

다음과 같이 말하는 것이 우리가 아이들에게 진짜 하려던 말과 더 가깝지 않을까? "바닥에 책가방이 있네. 잠바는 옷걸이에 엉클어져 걸려 있고. 식탁에는 먹다 만 음식들이 놓여 있어. 부탁한 저녁 식사 준비는 아직 시작하지 않았구나."

2. '너'에서 '나'로 넘어가기

위 상황에서 당신이 화가 났다고 느낀다면, 무엇보다도 그 분노 너머에 있는 것을 볼 줄 알아야 한다(10장에서 자세히 다룰 것이다). 분노는 빙산의 일각에 불과하지만, 그 순간만큼은 전체를 차지한다.

다음의 예시를 보자.

- 피곤하고 지쳤다. ⇒ 회사 업무와 교통 체증 때문에, 휴가를 오랫동안 떠나지 못해서
- 걱정된다. ⇒ 앞으로 닥칠 과중한 업무 때문에

· 낙담했다. ⇒ 집을 치우고 저녁 식사를 준비해야 한다는 생각 때문에

자신이 어떤 감정인지를 깨달음에 따라 우리는 '네가 ~했기 때문에'에서 '내가 ~했기 때문에'로 넘어갈 수 있다. "나는 네가 무심했기 때문에 화가 난 게 아니라, 너의 도움이 필요했기 때문에 화가 났다(혹은 지쳤다, 낙담했다)."로 정리할 수 있다.

내 감정에 대한 책임을 되찾기 위한 핵심 문장 '나는 ~이/가 필요하기 때문에 ~하다고 느낀다'를 기억하자.

자신의 욕구를 깨닫기 위해 시간을 갖는 것은 비폭력대화에 있어 중요한 단계이다. 지금 내가 필요한 것은 무엇인지 다음과 같이 생각해보자.

· **휴식인가?**
· **집안일에 대한 도움인가?**
· **아이들이 건강하고 행복하다는 것을 아는 것인가(퇴근을 늦게 하더라도 아이들이 알아서 균형 잡힌 식사를 할 수 있다고 믿는 것)?**

내가 필요한 것을 말할 때 마치 '다른 사람이 이렇게 해야 한다'고 표현하지 않는 것이 중요하다. 나는 '도움'이 필요한 것이지, '아이들

이 책임지는 것'이 필요한 게 아니다.

어떤 일에 도움이 필요하다면 약간의 창의력으로 많은 해결책을 찾을 수 있다. 아이들이 자립심과 독립심을 키우는 것도 하나의 해결책이 될 수 있지만, 이게 전부는 아니다. 배우자와 함께 집안일을 효율적으로 나눌 수 있고 가사도우미를 고용할 수도 있으며, 조부모님이나 이웃에게 도움을 요청할 수도 있다.

물론 아이들에게 책임을 요구하지 않겠다는 것은 아니다. 하지만 이 방법이 큰 효과가 없을 경우, 다른 방식으로 내 욕구를 충족할 수 있다는 거다. 우리는 이 사실을 통해 욕구를 충족하는 것이 전적으로 아이들의 행동에만 달려 있지 않다는 걸 깨달을 수 있다. 또한 이렇게 한다고 해서 아이들에게 독립성과 가족 간의 협동성을 가르칠 수 없는 것도 아니다.

70쪽에 모두가 공감할 수 있는 욕구 리스트가 있다. 감정 리스트처럼 이 리스트도 모든 가족이 볼 수 있는 곳에 붙여놓으면 당신과 아이의 감정 뒤에 감춰진 욕구를 찾는 데 도움이 될 것이다.

대화를 위한 건강한 기반

자신의 감정과 욕구를 명확히 알면, 아이들과 서로 존중하며 대화할 수 있으며, 부모가 필요한 것을 아이에게 정중하게 요청할 수 있다.

방금 우리는 "아니, 어떻게 이럴 수 있어. 너희는 너희밖에 생각 안 하니? 너희들이 어질러놓은 거 봤어?"로 시작할 대화를 "얘들아, 나는 지금 너무 피곤해. 오늘 하루는 힘들었고, 차도 많이 밀렸어. 바닥과 식탁이 어질러진 것을 보니 의욕이 너무 떨어진다. 10분만 쉴 테니, 집 정리하는 것 좀 도와줄 수 있어?"로 그 가능성을 바꾼 것이다.

두 번째 표현 방식이 현 상황에서 우리가 실제로 느끼는 것에 더 가까울 뿐 아니라, 아이들에게 내 감정에 대한 책임을 떠넘기지 않는 방식이다. 아이들이 자진해서 집을 정리할 가능성도 더 높아진다.

'너'에서 '나'로 바꿔 말하자

내 감정의 자유를 찾기 위해서

핵심포인트

- 판단하는 것은 당연하다. 하지만 판단함으로써 우리는 종종 내 감정에 다른 사람의 책임이 있다고 생각하게 된다.
- 우리는 상황을 인식하는 데 영향을 미치는 자체 필터를 가지고 있다.
- 판단에서 벗어나 나의 감정과 욕구를 알 때 우리는 행복해지는 능력을 되찾을 수 있다.
- 감정을 정확히 표현하는 것은 나의 욕구를 그때그때 이해할 수 있는 소중한 도구이다.

이렇게 해보자!

상황에서 판단을 분리하라

- 떠오르는 판단 자체를 거부하지 않는다. 이 판단들은 내가 필요로 하거나 느끼는 것에 다다르게 해주는 입구이다.
- 상황에 대한 객관성을 되찾고 싶다면, 감시 카메라처럼 사실에만 근거하여 상황을 묘사하도록 노력한다.

자신의 감정과 욕구에 책임져라

- 감정의 원인과 촉발제를 혼동하지 않는다.
- '너/당신~'으로 시작하는 문장을 '나는~'으로 바꿔 표현한다(나는 ~이 필요하기 때문에, ~라고 느낀다).
- 이해심을 키우고 욕구 관련 어휘를 확장한다.
- 다른 사람에 대한 욕구를 표현하지 않도록 주의한다('나는 당신이 이걸 해주는 게 필요해요'는 욕구가 아니다).

아이와 함께하는 비폭력대화

- 욕구 리스트를 집에 붙여놓고 아이와 자주 살핀다.
- 다른 사람에 대한 판단보다는 자신의 욕구에 따라 표현하는 법을 가르쳐준다. 상황극을 통해 욕구 말하기 연습을 하면 좋다.

욕구 리스트

모두가 공통으로 지니고 있는 욕구 리스트이다

· 욕구가 충족되면 기분 좋은 감정에서 오는 온전함을 느낄 수 있다.
· 욕구가 충족되지 않으면 불쾌하거나 불편하거나 고통스러운 감정을 느낄 수 있다.
· 욕구를 충족시키기 위해 '우리가 하는 행동'과 '실제 욕구'는 매우 다르다.

생존	인간관계	가치	에너지	평안	자율성
안전	수용	균형	웃음	고요	배움의 자유
온기	친밀함	명확성	욕구 발산	질서	자아실현의 자유
햇빛	공동체	정직	놀이	조화	선택의 자유
음식	온정	일관성		평화	창조의 자유
휴식	지원				표현의 자유
	이해				
	배려				
	평등				
	신뢰				
	공감				
	경청				

다음은 부모가 아이에게 주로 하는 말이다. 욕구 리스트를 참고하면서, 부모의 진짜 욕구가 무엇인지 다시 표현해보자

· "옆에서 왜 이렇게 알짱거리니? 엄마 좀 건드리지 마!"

· "너는 엄마보다 친구가 더 좋구나? 그렇게 좋으면 친구랑 가서 살아!"

· "너 그렇게 공부 안 할 거면 학교 때려쳐!"

· "토마토를 잘라달라고 했더니 하나도 안 했네. 너희 정말 왜 이렇게 게으르니!"

· "너 그렇게 계속 거짓말만 하면 안 돼. 나중에 너한테 반드시 다 돌아온다!"

· "너 지금 침대에서 과자 먹는 거니? 마음에 안 들어! 당장 그만 먹어!"

욕구카드

왜 필요할까?

· 욕구와 친숙해지고, 욕구를 알아차리는 법을 배우기 위해서
· 욕구를 창의적으로 해결할 수 있는 전략을 찾기 위해서

언제 하면 좋을까?

· 어떤 감정의 원인일 수 있는 욕구를 찾을 때
· 모든 순간에(아이들과 놀이 형태로)

어떻게 하면 좋을까?

우리는 아이와 함께 '욕구카드'를 만들어 게임을 할 수 있다(도움이 필요하면 70쪽의 '욕구 리스트'를 참고하라). 두꺼운 종이로 만든 카드 위에 욕구 어휘를 쓰고, 관련 그림을 찾거나 그려서 넣는다. 아이의 나이에 따라 카드를 부모가 만들어 제공할 수도 있다.

가족 모두가 이 카드를 사용할 수 있다. 가족 간 유용한 대화 도구가 될 수 있고, 온 가족이 함께하는 놀이가 될 수도 있다.

· **마임 놀이**: 각자가 차례대로 하나씩 카드를 뽑고, 카드에 적혀 있는 욕구를 마임으로 표현하여 다른 가족 구성원이 맞히도록 한다.
· **해결 놀이**: 카드를 제비뽑기로 뽑은 후 이 욕구를 해결할 수 있는 세 가지 방법을 모두 함께 찾는다.

요술 지팡이

왜 필요할까?

· 욕구와 친숙해지기 위해서
· 욕구를 충족시키기 위한 다양한 전략을 상상하기 위해서

언제 하면 좋을까?

· 하루 중 필요하다고 느낄 때 언제나
· 무언가를 기다리는 동안에(자동차나 대합실에서)

어떻게 하면 좋을까?

이 게임은 3단계에 걸쳐 진행할 수 있다.

1단계 : '나에게 지금 요술 지팡이가 있다면 나는 ~가 되기를 꿈꾼다'라는 질문에 각자 생각할 시간을 갖는다. 현실적인 제약이나 부정적인 대답으로 스스로를 억압하지 않는다(나는 '우주 비행사' '경주용 요트의 대장' '프리마 돈나' '작가' '열기구 조종사' 등이 되기를 꿈꾼다).
2단계 : 각자 돌아가며 자신의 답을 말하고 자문한다. '이렇게 된다면 왜 나는 기쁠까?' '왜 나는 만족스러울까?(이 질문의 의미는 '내 안의 어떤 욕구를 충족할까'이다)'
3단계 : 각자에게 마지막 질문을 한다. '이를 위해 당장 혹은 앞으로 무엇을 할 수 있을까?'

이 게임에서 아이는 다음과 같이 말할 수 있다.

1단계 : 나는 소방관이 되고 싶다.
2단계 : 사람들을 돕는 일이 기쁘기 때문이다.
3단계 : 지금부터 내가 할 수 있는 일은 이웃집 할머니의 장바구니를 들어주는 것과 놀이터에 있는 어린아이들을 도와주는 것이다.

조금 더 큰 아이는 다음과 같이 말할 수 있다.

1단계 : 나는 무인도에서 휴일을 보내고 싶다.
2단계 : 자연에서 조용히 있으면 행복할 것 같기 때문이다.
3단계 : 지금 내가 할 수 있는 일은 주말에 숲으로 산책 갈 계획을 짜는 것이다.

Q1. 내가 느끼는 감정에 아이의 책임이 있다고 느낀 적이 있는가? 그러한 감정을 얼마나 자주 느끼는가?

Q2. 그 상황과 그때의 내 감정을 구체적으로 적어보자(없었다면 상황을 가정해서 생각해보자).

Q3. 위 상황에 대해 다시 생각해볼 때, 나의 '필터'는 무엇이었는가?

Q4. 그때 느꼈던 감정은 어떤 욕구에서 시작되었는가?

Q5. 그때 나에게 중요했던 것을 '나로 시작하는 문장'으로 아이에게 다시 표현해보자.

05

감정은 하나가 아니다

어떤 것도 흑과 백으로
분리할 수 없다

감정은 종종 복합적이며 우리의 일상을 침범한다. 가끔은 특정한 감정이 튀어나와 우리의 기존 감정을 지배하기도 한다. '나무를 보고 숲을 보지 못한다'는 속담처럼 우리는 특정한 감정에 압도당해 이러한 상황에 처했다는 것조차 인식하지 못할 수 있다. 그러니 나와 아이가 같은 상황에 처해 있더라도 동시에 여러 감정을 느끼며 서로 다른 것을 원할 수 있다는 사실을 기억하자.

모순된 감정을 동시에 느끼는 아이

아들이 유도 수업을 듣고 싶다고 몇 달 전부터 당신을 조르며, 매일 그것에 대해서만 이야기한다. 걸핏하면 지난 올림픽 유도 경기 비디오를 틀어서 모든 가족은 아들의 유도 열정을 함께한다. 결국 유도 학원에 등록했고 아들 마음에 쏙 드는 유도복도 골랐다. 드디어 기다리던 유도 수업 첫날, 갑자기 이 모든 것이 순식간에 무너진다.

유도 수업에 가는 길, 당신 아들은 차에서 말이 없고 표정도 어둡다. 학원에 도착해서 탈의실로 들어가자 아들은 당신에게 다가와 수업에 들어가고 싶지 않다고 귓속말한다. 신나게 옷을 갈아입던 다른 아이들은 당신 아들의 태도에 주목한다. 이들의 관심이 아이를 더욱 신경질적으로 만들었고, 급기야 아들은 이렇게 외친다. "수업 안 들을래. 집에 갈 거야!"

이러한 상황은 부모에게 매우 당혹스럽다. 아이에게는 분명 유도에 대한 열정과 충분한 동기가 있었으며, 꿈을 실현할 수 있게 도와달라고 부모에게 강하게 요청했다. 하지만 정작 모든 게 준비되자 뒷걸음질을 치고 있다. 부모는 이미 아이의 유도복을 구입했으며, 유도 학원비도 지불했다(환불이 가능할지도 모른다). 아이에게 하도 많이 들어서, 프랑스 유도선수 테디 리네르Teddy Riner가 그동안 받은 상도 줄줄이 외울 수 있게 되었다. 그런데 아이의 갑작스러운 태도 변화라니? 놀란 부모의 머릿속은 지금 너무 복잡하다.

이때 아이의 유도 선생님이 와서 "자, 모두 들어가자. 이제 시작한다!"라고 한다면, 부모는 아이에게 이렇게 말하고 싶을 것이다. "네가 원하는 게 뭐야! 유도를 하고 싶다고 넉 달 전부터 보챘으면서, 이제 와서 왜 마음이 바뀐 거야? 이미 늦었어. 어서 수업에 들어가!" 혹은 "진짜야? 수업 듣기 싫어? 알았어. 집에 가자. 대단하네. 겨우 이러려고 그렇게 난리를 쳤던 거야?"

우리는 아이가 마음을 바꿨다고, 자신이 뭘 원하는지도 모르면서 유도에 대해 끊임없이 말하며 떼를 썼다고 생각할 수 있다. 특히 우리의 뇌가 긴급 상황이라고 인식해서 정서적 압박을 느끼기에 더더욱 그렇게 생각할 수 있다. 또한 아이가 자신의 선택에 대한 결과와 책임을 배워야 한다고 생각할 수도 있다. 너로 인해 다른 아이는 수업 등록을 하지 못했고, 학원비도 이미 지출했다는 상황 등에 대해서 말이다. 간단히 말해, 아이가 '책임을 져야 한다'고 생각하는 것이다.

우리를 굉장히 짜증 나게 하는 이러한 상황은 놀랍게도 아래의 사실을 생각하면 쉽게 정리될 수 있다.

우리는 동시에 여러 가지를 느끼고 원할 수 있다.

아이는 여전히 유도를 하고 싶고, 새로 산 유도복을 입고 유도 챔피언이 되는 꿈을 계속 꾸고 있을 가능성이 높다. 마음 깊숙한 곳에 열정이 가득 차 있고 동기부여도 여전하다.

하지만 첫 번째 수업 시간이 다가오면서 아이 마음속에 이전과는 다른 생각과 감정 또한 자리를 잡았다. 수줍음(전혀 모르는 사람들 사이에 놓이는 것, 인상적인 눈빛의 새로운 선생님을 만나는 것 등) 혹은 두려움(지난해부터 유도를 배워온 학생들과 비교되는 것, 챔피언의 꿈을 이루지 못하는 것 등)일 수 있다.

아이의 '뒷걸음질'은 욕구가 현실이 되는 시점에 터진 감정의 반사일 뿐이지, 아이의 욕구가 사라졌다는 신호는 아니다.

하지만 아이 역시 걱정에 사로잡혀 자신의 욕구가 소멸됐다고 믿을 수 있다. 이때 부모는 아이가 다음과 같은 사실을 깨닫게 도와줘야 한다. "네 마음 깊은 곳에는 여전히 유도를 하고 싶은 욕구가 자리 잡고 있어. 지금 네가 느끼는 감정은 기존 욕구와 상반되는 것이 아니야."

두 감정을 맞서게 하지 말라

"그러니까 네가 유도를 하고 싶다는 거야? 아니라는 거야?" 부모가 아이의 행동에 모순이 있다고 여기고 이 두 감정을 맞서게 하는 것에서 나아가 아이에게도 이렇게 생각하도록 유도한다면, 만족스러운 해결책을 찾지 못할 수 있다. 아이는 걱정스러운 상태로 수업에 들어가서, 그토록 꿈꿔왔던 순간을 즐기지 못하고 실망하고 좌절한 채 집으로 돌아갈 확률이 높다.

우리는 이 상황을 이렇게 이해해야 한다. 아이는 지금 유도를 배우고 싶어함과 동시에 두려움을 느끼고 있다!

우리는 아이에게 '동시에 여러 감정을 느끼는 게 당연'하며, 이런 감정들은 저마다 전달하고자 하는 메시지가 있음을 설명할 수 있다. 부모는 아이가 이런 메시지에 귀 기울일 수 있게 도와줄 수 있으며, 지금 이 순간 가장 강렬한 감정에 따르는 대신 모든 감정을 고려한 후에 행동하도록 격려할 수 있다. '마지막에 말한 사람이 옳다'는 법칙이 반드시 맞지는 않다. 이제 막 나타나서 모든 자리를 차지하려는 감정을 받아들이는 것부터 시작해보자. 그러면 이 마지막 감정은 자연스럽게 자리를 덜 차지하고, 아이의 다른 '부분들'이 다시 자신의 목소리를 낼 수 있을 것이다.

"지금 탈의실에 와 있는데 수업에 들어가기 싫다고? 수업이 어떻게 진행될지 몰라서 걱정하는 거야? 아니면 아는 사람이 없어서 걱정하는 거야?"

만약 아이가 위와 같은 걱정을 했고 아이 스스로 이를 부모에게 표현할 수 있다면, 우리는 아이가 다시 다른 감정을 느끼도록 도움을 줄 수 있다.

"지난 몇 달 동안 너는 계속 유도를 배우고 싶어 했잖아. 나는 그게 네가 진짜 원하는 것이었다고 생각해. 너는 걱정하면서도 여전히 회전 낙법 같은 유도 기술을 배우고 싶어 하고 있지. 그렇지 않니?"

이렇게 함으로써 부모는 아이의 욕구를 다시 들어볼 수 있고, 아이가 판단하기 어려운 순간에 자신의 욕구를 되찾도록 도움을 줄 수 있다.

"어떻게 하고 싶어? 너는 걱정도 되지만 동시에 유도를 배우고 싶은 마음도 가득해. 이런 상태라는 걸 알았으니 이제는 네가 선택할 차례야. 아직 알지 못하는 것에 대해 두려워하는 건 당연한 일이지. 어때? 첫 수업을 들을 준비가 된 거 같아?"

부모와의 대화를 통해 아이 스스로 수업을 들을 준비가 되었다고 느끼면, 여전히 걱정이 남아 있더라도 아이는 자기 의지로 수업에 들어갈 수 있을 것이다. 하지만 걱정이 너무나 커서 아직 수업을 들을 준비가 되지 않았다고 느끼면, 부모는 가만히 기다려줘야 한다. 그 시간 동안 아이는 자신의 감정을 찬찬히 들여다보고 정리하며, 다음 유도 수업 전까지 유도를 할 수 있는 준비를 끝마칠 수 있다. 이 경험을 통해 아이는 용기를 얻을 수 있고, 자신의 감정을 살펴보는 습관 역시 가질 수 있을 것이다.

이 과정을 통해서 아이는 적어도 자신의 '뒷걸음질'이 책임감 부족이나 변덕스러운 성격에서 비롯되는 게 아닌, 자신의 다른 감정이 반영된 결과임을 깨달을 수 있다. 부모 눈에는 이 감정들이 가끔 모순적으로 보일 수 있지만 사실 이 감정들은 상호 보완적이며, 우리 모두의 마음은 이와 같은 감정들로 가득 차 있다.

부모 또한 '서로 다른 마음 사이'에서 어떻게 해야 할지 몰라 당황할 수 있다. 이럴 때는 감정을 따로 분리하여 이 '여러 부분'이 각기 무슨 말을 하려고 하는지 듣는 과정이 필요하다. 그런 다음에야 조금 더 평온한 방식으로 무언가를 선택할 수 있고, 나중에 후회할 가능성도 반으로 줄일 수 있다.

아이의 감정 역시 평행선의 양 끝에 두고 대조해선 안 된다. 아이의 감정은 어리기 때문에 무시해도 되는 감정이 아닌, 더 예민하게 살펴야 하는 감정이다. 감정을 나란히 두고 하나하나 자세히 살피며,

섬세한 대화로 아이를 도와주어야 한다. 배려와 존중의 자세로 아이와 소통하고자 할 때는 '또는'이 아닌, '그리고'로 생각하는 것이 훨씬 더 현명하다.

모든 감정을 인정하자

우리는 '하나의 블록'이 아니므로!

핵심포인트

· 하나의 강렬한 감정이 다른 감정을 감출 수 있다.

· 동시에 여러 가지를 느끼고 원할 수 있으며, 이는 꼭 모순적이지만은 않다.

· 우리는 하나의 블록이 아니기에 내면의 여러 부분에 귀 기울여야 한다.

· 서로 다른 내면에 귀 기울일 때, 우리는 행동과 선택의 자유를 찾을 수 있다.

이렇게 해보자!

표출되는 감정들을 받아들여라

· 자신을 보여주고자 하는 일부 감정은 그 목소리가 받아들여지지 않으면 다른 부분들에게도 발언권을 주지 않을 수 있다.

감정과 대립하지 말라

· 나 자신은 하나의 블록이 아니며 그렇기에 사람의 마음은 나뉠 수 있음을 기억한다.
· 모든 감정과 메시지에 귀 기울이면서 선택과 행동의 자유를 되찾는다.

아이와 함께하는 비폭력대화

· 아이들은 그때그때 떠오르는 강렬한 감정에 어른보다 더 쉽게 휩싸일 수 있다. 이때 내면의 다른 부분이 내는 목소리를 아이가 듣기 위해서는 부모의 도움이 필요하다.
· 아이가 어릴 경우 유희적인 방법으로 여러 감정에 대해 알려줄 수 있다. 예를 들어 아이의 각기 다른 감정을 만화 주인공에 빗대어 서로 대화할 수 있도록 도와주면 좋다.

내면의 대화

왜 필요할까?

· 아이가 내면의 여러 목소리를 듣고 이를 통해 의식적인 선택을 할 수 있도록

언제 하면 좋을까?

· 특정 상황에서 어떻게 해야 하는지, 어떤 결정을 내려야 하는지 알지 못할 때
· 특정한 감정에 '눈이 멀어' 다른 감정을 듣지 못할까 두려울 때

어떻게 하면 좋을까?

동물 장난감이나 손가락 인형을 활용하자. 표현이 필요한 아이 내면의 여러 부분을 장난감이나 인형에 1:1 대응한 후 이 부분들이 각자의 목소리를 내도록 한다. 부모의 역할은 아이가 대화를 이어갈 수 있도록 가이드 하는 것이다.

· "이 인형은 두려워하는 너의 일부야. 너에게 무슨 말을 하니?"
· "이 인형은 욕망과 의지가 있는 너의 일부야. 뭐라고 말해?"
· "이 인형들이 서로 해야 할 말이 있니?"
· "말하고 싶어 하는 다른 인형이 또 있니?" (필요하면 세 번째 인형을 등장시킬 수 있다. "몹시 피곤한 이 인형을 봐. 너에게 무슨 말을 하니?")

아이가 자기 내면의 모든 감정을 듣고, 이를 다 고려하여 행동할 수 있을 때까지 내면의 대화를 계속한다.
물론 큰 아이들은 이런 놀이를 거치지 않고도 자신 안의 여러 감정들에 대해 언급할 수 있다.

Q1. 모순된 감정과 욕망 사이에서 '마음이 나뉘는 것'을 느낀 적이 있는가? 어떤 상황에서 그랬는가?

Q2. 그 상황에서 나의 내면은 어떤 대화를 나누었는가? 두 사람이 대화를 한다고 생각하고 내 감정과 욕망의 속마음을 각각 적어보자.

Q3. 아이와 이런 상황을 겪어본 적이 있는가? 어떤 상황이었는가?

Q4. 지금이라면 어떻게 반응하겠는가?

06

대화를 위한 적절한 순간 선택하기

우리는 늘 '합리적'일 수 없다

우리가 겪는 감정은 가끔 너무 강렬한 나머지 이성적인 사고 능력을 마비시키기도 한다.

아이가 집에서 숙제하는 모습을 상상해보자. 아이는 아무리 애써도 모르겠는 수학 문제 때문에 고민 중이다. 답을 찾기 위해 노력하는 아이에게 부모는 그건 정답이 아니라고 두 번, 세 번 말한다. 아이는 결국 폭발한다. 울거나, 화를 내거나 공책을 던지기도 한다(이 행동은 아이의 기분과 평소 스타일에 따라 다르다).

만약 이때 부모가 "포기하지 마, 거의 다 풀었어. 조금만 집중하면 답을 찾을 수 있어."라고 하며 아이에게 문제 풀기를 계속 요구한다면 상황은 악화될 가능성이 높다. 자신을 휩쓸고 있는 감정부터 아이가 받아들여야 하는데(우리는 그 이유를 3장에서 확인했다), 부모가 옆에서 계속 요구하고 강요하니 말이다. 이 상황을 보다 정확하게 이해하기 위해서는 우리의 뇌가 어떻게 이루어져 있는지를 알 필요가 있다.

감정에 사로잡혀 있을 때는 대화를 피한다

우리의 뇌는 다음의 3층 구조로 이루어져 있다.

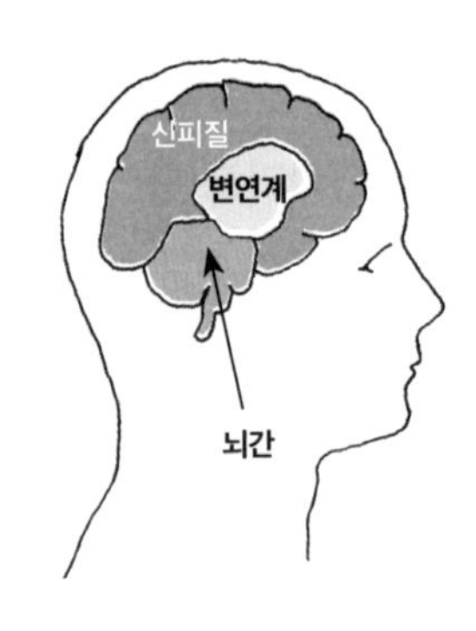

· **파충류의 뇌**(뇌간) : 생명의 뇌. 본능적이자 가장 빠르게 회전하는 뇌. 생명 유지 기능을 관리한다.
· **인간의 뇌**(신피질) : 사고의 뇌. 이성적이며 합리적인 뇌. 언어 및 복합적인 사고 프로세스를 관리하며, 가장 속도가 느리다.
· **포유류의 뇌**(변연계) : 감정의 뇌. 어떤 감정이 우리를 침범하면 변연계가 활성화된다. 변연계가 신피질보다 빠르게 작동하기 때문에, 감정이 더 먼저 나오게 된다.

세 부분이 서로 접촉하고 있기는 하지만, 각기 다른 작동 방식과 기능을 지니고 있으며 '반응 속도' 또한 다르다.

그렇기 때문에 우리는 각기 다른 반응 속도를 감안하여 스스로에게, 혹은 아이에게 '정신 차릴 수 있는' 시간을 주어야 한다.

평상시에도 아이는 강한 감정에 사로잡힐 수 있다. 이때 아이의 이성에 바로 호소하거나, 이성적인 사유를 들어 아이를 설득하거나 격려하는 일은 피해야 한다. 아이는 지금 당장 내 말을 들을 수 있는 상태가 아니기 때문이다.

"우리 잠깐만 쉬었다 할까? 네가 이 문제를 풀 거라는 믿음이 있어. 내가 도와줄게. 지금은 네가 너무 짜증 난 상태라 문제 풀이에 온전히 집중하지 못하는 게 당연해. 5분 쉰 다음에 다시 해보자."

그런 후 우리는 아이의 감정이 지나갈 때까지 기다려줄 수 있다. 부모는 아이의 나이와 수준에 따라, 아이가 감정을 받아들이고 말로 표현할 수 있도록 옆에서 도와줄 수 있다.

아이가 이성적인 대화를 할 수 있을 정도로 돌아오기까지는 단 몇 분이면 충분하다. 아이와 부모 사이에 꽉 막힌 대화를 피하기 위해서 이 몇 분은 기다릴 가치가 충분하다.

감정이 해소된 후 꼭 다시 대화하라

아이들이 서로 싸울 때도 동일한 관점으로 접근할 수 있다.

· 정서적 긴장이 고조되어 아이들이 서로의 말을 듣지 않을 때

"멈춰! 둘 다 소리만 지르지, 서로의 말은 듣지 않고 있잖아!" 우리는 아이 한 명씩 따로 데리고 가서 몇 분 동안 이야기할 수 있다. "네가 동생에게 하고 싶어 하는 말이 너에게는 매우 중요해. 하지만 둘 다 소리를 지르고 있어서, 동생은 네 말을 제대로 듣지 못하고 있어. 잠시 멈춘 후에 조용히 말하면 어떨까? 그러면 동생은 네가 하려는 말에 귀 기울일 수 있을 거야!"

· **아이들 각자의 감정이 완전히 해소된 후**

감정이 어느 정도 사그라들어야만 아이들은 이성을 되찾고 다른 이의 관점에 귀 기울일 수 있다. 싸움의 원인에 대해 아이들에게 침착하게 대화 나누라고 하거나, 혹은 당신이 '중재자'가 되어 이 과정을 도울 수 있다. 아이 연령에 따라 적합한 방식으로 의견을 표현할 수 있게 도와주며, 다시 싸움이 일어나지 않도록 중재해야 한다.

우리는 시간과 에너지 부족으로 언쟁을 빨리 끝내고자 할 수 있다. 평화가 돌아온 후에는 그 주제에 대해 다시 언급하지 않으려고 할 수도 있다. 하지만 평화로운 상황에서 싸움의 원인을 되짚어보는 일은 꼭 필요하다. 이를 통해 서로를 이해하고 문제의 해결책을 찾을 수 있다면, 이는 분명 아이들에게 긍정적인 경험이 될 것이다. 또한 이 기회를 통해 아이들은 감정적인 폭력을 줄이면서 불화를 해소하는 법을 차츰차츰 배워갈 것이다.

간결한 대화를 통해서도 얼마든지 가능하다. "방금 전에 동생이 노크를 하지 않고 네 방에 들어와서 싸웠잖아. 지금 거기에 대해서 동생과 다시 대화할 수 있겠어? 동생하고 이야기해보니까, 동생은 너에게 새로운 게임을 보여주려는 생각에 흥분한 나머지 노크를 해달라던 네 부탁을 깜빡했대. 너에게 미안한 마음도 있지만, 게임을 못 보여주고 방을 나와서 자기도 기분이 안 좋대. 네가 소리 지를 때도 무서웠고. 너는? 너에게는 무슨 일이 있었니?"

형은 자신이 느꼈던 감정을 차분하게 표현할 수 있으며, 방문을 열기 전에 노크를 해달라고 동생에게 다시 요청할 수 있다. 아마 싸움은 다시 시작되지 않을 것이다.

대화하는 일상을 위해 여유를 가져라

부모는 늘 시간에 쫓기며 산다. 그리고 아이들까지 이 '경주'에 끌어들이고는 한다. 하지만 이러한 시간적 압박은 부모와 아이의 평화로운 관계 형성에 장애가 된다. 따라서 우리의 뇌가 어떻게 이루어져 있는지를 생각하며 이성적인 대화를 하기 위한 여유를 가져야 한다.

직장 생활, 아이를 등·하원 시키는 일, 학부모 회의, 아이 생일 파티 준비, 병원 예약, 제때 내야 하는 공과금, 장보기, 새로 사야 하는 막내의 신발, 쌓여가는 세탁 등…. 해야 하는 일의 목록은 끝이 없다. 우리는 하루 동안 이 모든 것을 해내기 위해 노력하는데, 그러다 보면 끊임없이 '압박받고 있다'고 느끼게 된다. 이러한 위기감은 생존 문제와 상관이 없음에도 불구하고, 우리의 몸은 '생존이 걸린' 스트레스를 받은 것처럼 반응한다. 이러한 상황은 차분하게 사고하고 평화롭게 대화하는 일상을 방해한다.

나와 아이를 위해, 리듬을 늦추고 위기감을 줄이는 방법을 찾아야 한다. 우리는 물론 각자만의 방법이 있을 것이다. '언제, 무엇을 할지' 종이에 적어가며 정리할 수 있고, 자신에게 요구하는 수준이 너무 높지 않은지 재검토하며 꼭 필요하지 않은 것들은 삭제하거나 다른 이에게 위임할 수 있다. 이를 통해 우리는 여유를 갖고 아이를 대할 수 있으며, 이성과 이해, 공감의 능력도 더 잘 사용할 수 있을 것이다.

아이에게도 이 리듬을 물려주어야 한다. 마음이 여유로운 부모와 일상을 함께한 아이는 이 리듬을 즐기는 법을 자연스럽게 배울 수 있을 것이다. 만약 아이가 급한 성격 탓에 순간을 즐기지 못하고 시간에 쫓겨 지내는 것 같다면 부모가 옆에서 리듬을 늦출 수 있도록 도와주는 것이 현명하다. 해야 할 일의 우선순위를 함께 정해보는 연습도 좋고, '압박'이 일상을 어떻게 망가트리는지 설명해주는 것도 좋다. 혹은 꼭 '모든 것을 완벽하게 해낼 필요는 없다'고 다독여주는 것도 아이 인생에 있어 꼭 필요하다.

지금까지 언급한 '대화를 위한 적절한 순간'은 인생을 살아가는 데 있어 지니고 있으면 좋은 태도가 되기도 한다. 뇌의 반응 속도를 고려하며 충동적인 감정이 지나가고 이성이 자리를 잡을 때까지 기다리는 습관을 지녀야 한다. 나와 내 주변인의 인생을 배려하는 방법이 될 수 있다. 또한 일상의 여러 압박을 잘 정돈하며 인생의 리듬이 헝클어지지 않도록 주의해야 한다.

가족 구성원 모두가 이러한 분위기를 잘 기억하고 유지해나간다면, 아이는 비폭력대화를 자연스럽게 삶의 한 방식으로 받아들일 수 있을 것이다.

잠시 멈추자

우리의 정신 능력을 더 잘 활용하기 위해

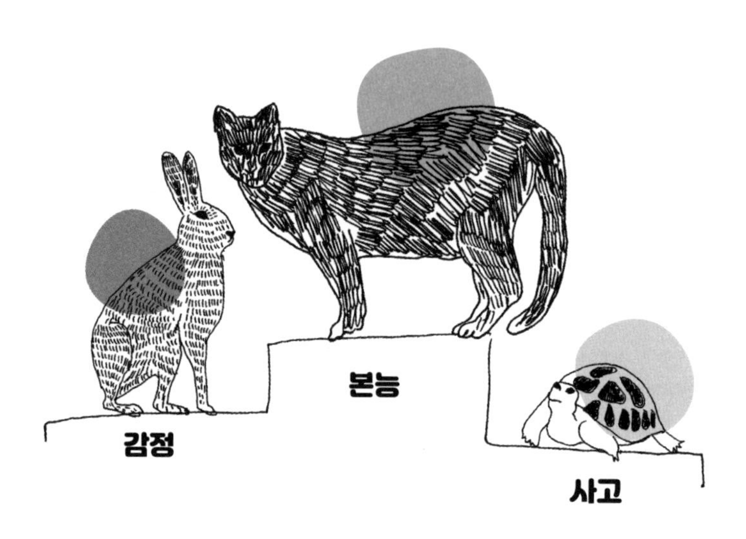

핵심포인트

· 뇌는 3층으로 나누어져서 본능, 감정, 사고를 관리하는데, 이들은 각기 다른 반응 속도를 지닌다.

· 강렬한 감정이 갑작스럽게 나타나면, 감정이 사고 능력을 지배한다.

· 일상에서 위기의식을 느끼면 주로 본능을 따르게 되며, 이때 다른 능력들(물러서서 보기, 경청 등)은 제대로 사용하기 힘들다.

이렇게 해보자!

'이성과 감정'이 분쟁할 때는 잠시 시간을 가져라

- 표출되는 감정을 받아들인다.
- 정서적 긴장이 완화되면 그때 이성을 사용한다.

일상에 압력과 위기감을 불어넣지 말라

- 위기감은 '생존' 모드에 들어가게 하며, 감정과 사고 능력을 막는다.
- 압력을 덜 받기 위한 해결책을 찾는다. 거절하기, 리스트 작성하고 계획하기, 도움 요청하기, 다른 사람에게 위임하기, 나 자신의 요구 수준 낮추기 등….

아이와 함께하는 비폭력대화

- 아이가 강한 감정에 사로잡혔을 때, 아이의 이성에 호소하는 것은 아무런 소용이 없다. 아이는 자신의 이성에 접근할 수 없기 때문이다. 이성에 호소하지 말고, 잠시 멈추라고 제안한다.
- 정서적 긴장감이 너무 팽팽할 때는 서로가 하는 말을 들을 수도, 이해할 수도 없다. 아이의 말을 중단시키고 감정이 모두 표출된 후에 다시 대화를 시작한다.

평화의 공간

왜 필요할까?

· 안전하고 의지가 되는 공간을 집에 마련하여 힘든 순간에 재충전하기 위해서

언제 하면 좋을까?

· 하루 중 필요하다고 느낄 때 언제나

어떻게 하면 좋을까?

별도의 방이나 조용한 방의 한 귀퉁이에(거실은 피하는 게 좋다) 앉을 수 있는 쿠션 몇 개와 감정카드(52쪽 참고), 욕구카드(72쪽 참고), 감정 쿠션(170쪽 참고), 작은 램프와 초, 잔잔한 음악이 흐르는 장치, 흰 종이와 매직펜 등을 놔둔다.

각자가 필요하다고 느낄 때 이 공간을 사용할 수 있게 한다.

· 감정을 수용하기 위해서
· 고요를 되찾기 위해서
· 호흡할 시간을 갖기 위해서
· 경청을 부탁하기 위해서

아이가 원한다면 이 공간을 사용할 때 부모가 도움을 줄 수 있다.

이곳을 모두가 안전하다고 느낄 수 있는 평화의 공간으로 유지하면서, 더 구체적인 활용법은 가족이 함께, 혹은 각자가 정하도록 한다.

Q1. 감정으로 가득 차서 차분하게 사고하지 못한다고 느낀 적이 있는가? 어떤 경우에 그랬는가?

Q2. 내 아이도 같은 상황을 겪고 있다고 느낀 적이 있는가? 언제인가?

Q3. 위 상황에서 나는 어떻게 반응했고, 어떻게 아이를 도와주었는가? 그 후에는 어떻게 되었는가?

Q4. 평소 압박 속에서 일상을 보낸다는 생각이 드는가? 스트레스가 가득하다고 느끼는가?

Q5. 압박에서 벗어나기 위해 나는 어떤 행동을 취할 수 있는가?

Q6. 일상에서 아이에게 '서둘러!' '빨리 해!'라고 말하며 독촉하는가? 어떤 경우에 그렇게 말하는가?

Q7. 이러한 태도를 바꾸기 위해 나는 무엇을 할 수 있는가?

07

경청하면서 공감하기

간단하면서도

어려운 일이다

부모는 아이가 살면서 고통받지 않기를 바랄 것이다. 고통스러운 상황이나 힘든 관계에 놓이지 않기를 바랄 것이다. 항상 다른 이들에게 사랑받고 존중받는 기분을 느끼며, 자신감을 갖고 살기를 원할 것이다. 하지만 우리는 실패와 넘어야 할 장애물 그리고 견디기 힘든 순간들 역시 아이가 겪게 될 삶이라는 사실을 잘 알고 있다.

아이가 힘든 상황에 처하면 부모는 아이가 겪는 슬픔과 힘듦의 크기에 상관없이 아이에게 힘이 되어주고 싶어 한다. 아이의 나이가 적든 많든 문제 되지 않는다. 아이가 자신의 문제를 우리와 공유하기를 바라는 마음과 아이를 돕고 싶은 욕구는 모든 부모에게 있다. 하지만 상황은 언제나 우리가 바라는 대로만 흘러가지 않는다. 가끔은 아이가 자신의 고민을 털어놓는 순간이 서로를 이해하지 못하는 순간으로 변할 수도 있다. 이럴 때 아이에게 어떻게 힘이 되어줄 수 있을까?

상대가 원하는 건 오로지 '잘 들어주는 것'

테니스 수업을 마치고 집으로 돌아온 중학생 아이가 있다고 해보자. 그의 실력은 최근에 많이 늘어, 한 달 전부터 더 높은 레벨로 올라갔다. 저녁에 집으로 돌아온 그는 테니스 채를 정리하며 선언한다. "테니스 지겨워! 이제 그만할 거야. 나는 형편없어!"

부모는 아이에게 문제가 있다는 것을 느끼며, 아이를 돕고 싶을 것이다. 앉아서 문제에 대해 같이 이야기해보자고 아이에게 제안하고 싶을 것이다. 아이가 제안을 받아들여서 대화를 시작하게 되면 부모로서 하고 싶은 말 역시 많을 것이다. 그리고 각각의 문장은 아이를 돕기 위한 일종의 '전략'에 해당할 것이다(무의식적이라고 해도 이건 전략이다). 자, 당신이 아이에게 하려는 말을 5초간 생각해보자. 그리고 다음의 전략과 그 예를 확인해보자. 분명 당신은 다음의 전략 중 하나를 사용했을 것이다.

- **질문하며 이해하려고 노력하기**: "무슨 일 있었어? 모든 경기를 진 거야? 선생님이 너한테 뭐라고 했어?"
- **격려하기**: "너는 형편없지 않아! 내가 너 테니스 치는 거 봤잖아. 정말 훌륭했어!"
- **안심시키기**: "한 달 전에 더 높은 레벨의 그룹으로 옮겼잖아. 그만큼 네가 잘하니까 그런 거지."
- **자신의 경험에 대해 말하기**: "그거 알아? 나도 젊었을 때 테니스를 했는데, 어느 수준에 도달하기까지 몇 년이나 포기하지 않고 노력해야 했어…."
- **해결책을 찾아 충고하기**: "너 자신이 형편없다고 생각하면 더 연습해! 실력을 기르기 위한 유일한 길이야!"

· **기분 전환시키며 주의 돌리기**: "이런…. 오늘은 연습이 별로였구나. 기분 전환을 위해 오늘 저녁에 함께 영화 보는 거 어때? 영화는 네가 선택할래?"

이 모든 말은 아이의 고통을 덜어주고 아이를 돕기 위한 부모의 좋은 의도에서 비롯되었다. 어떤 의미에서는 '상황을 처리하기 위한' 부모의 방식이기도 하다. 하지만 역설적이게도 이런 말들은 아이의 부정적인 반응을 유발할 수 있다. 이 상황에서 나올 수 있는 아이의 답변을 살펴보자.

· **질문하며 이해하려고 노력할 때**: "말도 안 되는 소리 하고 있어. 선생님은 매우 좋아. 뭐라고 할 사람이 아니라고!"
· **격려할 때**: "아빠가 내 아빠니까 그렇게 말하는 거잖아!"
· **안심시킬 때**: "레벨 올린 게 엄청난 실수였다는 걸 곧 알게 되겠지. 다시 낮은 레벨로 내려가면 다들 나를 뭐라고 생각하겠어!"
· **자신의 경험에 대해 말할 때**: "아빠는 아빠고 나는 나야. 이해할 수 없어!"
· **해결책을 찾아 충고할 때**: "내가 충분히 연습하지 않는다고 생각해? 그런 거야? 아빠도 내가 형편없다고 생각하는 거네."
· **기분 전환시키며 주의 돌릴 때**: "모르겠어. 별로 말하고 싶지 않아…. 그냥 내 방에 갈래."

만약 내 아이의 답변이 위의 예시 중 하나라면, 그건 아이가 단지 자신의 말에 귀 기울여주기만을 원했기 때문이다.

사실 듣기만 하는 것은 부모에게 매우 어려운 일이다. 그래서 우리는 아이를 돕고자 꼭 무언가를 하려고 한다. 아이를 안심시키려 하고, 해결책을 찾는 등 다양한 노력을 하는 것이다. 하지만 많은 경우에 가장 먼저 해야 하는 일은 아이의 말을 듣는 것이며 그 자체만으로도 긍정적인 효과를 볼 수 있다.

어떻게 경청하는가?

다음은 아이의 말을 제대로 듣기 위해 필요한 것이다.

· 시간적·정신적 여유
· 말뿐만 아니라 육체, 억양, 침묵 등을 통해서도 듣는 것
· 상대의 말을 이해하는 데 신경을 쏟기보다, 상대가 자신의 느낌을 명확히 말할 수 있도록 도와주는 마음 자세

아이의 말을 경청하고자 할 때, 아이가 느낀다고 생각하는 감정에

대해 부모가 먼저 이야기를 시작할 수 있다. 그런 다음 질문을 통해 아이가 이야기하고자 하는 방향에 영향을 미치지 않고, 단지 말을 해 달라고 할 수 있다. "이런, 저녁 수업 후에 굉장히 힘들어 보이는데…. 너에게 무슨 일이 있었는지 말해줄 수 있겠니?"

아이의 말을 계속 듣기 위해, 우리는 아래와 같은 방법을 사용할 수 있다.

· 아이의 이야기를 들으며 어떤 감정이 느껴질 때 그것이 맞는지 확인한다. "너 화났니?"
· 아이의 이야기 중 이해할 수 있는 것은 나의 언어로 다시 말한다(해석은 덧붙이지 않는다). "다른 학생이 네가 테니스 하는 모습을 보고 수업 중에 몇 번이나 비웃었다는 거지? 너는 뭐라 할 수 없어서 힘들었고. 이게 맞아?"

이런 경청의 시간을 가진 후에야(아이가 하고 싶은 말을 다 했으며, 아이 스스로 자신의 감정이 명확해졌다고 느낄 때에만) 우리는 아이가 무엇을 필요로 하는지 물어보고 도움 역시 제안할 수 있다.

· "내가 너를 도울 방법이 있을까?"
· "나중에 똑같은 일이 또 일어날 수 있으니 같이 해결책을 찾아보는 건 어때? 아니면 이 생각은 그만하고 기분 전환 좀 할까?"

· "내가 네 나이였을 때 테니스 하면서 어떤 일이 있었는지 말해줄까?"

아이는 여기에 부정적으로 답할 수 있다. 그건 아이가 적어도 그 순간만은 자신의 이야기에 더 귀 기울여주기를 바란 것이다. 하지만 아이는 이제 자신이 원할 때 이 문제에 대해 부모와 함께 이야기할 수 있음을, 언제든 도움받을 수 있음을 알게 된다.

부모도 누군가의 경청이 필요하다

부모 또한 경청이 필요하다는 것을 명심해야 한다. 판단하거나 해결하거나 위로하려 하지 않고, 우리가 느끼는 것을 누군가가 단지 들어주는 것 말이다. 어떤 특별한 문제나 일상의 걱정들로 많이 지쳤다고 느낄 때는 주저하지 말고 주변 사람들에게 나의 말을 들어달라고 부탁해야 한다. 누군가 나의 말을 들어주는 것만으로도 자신이 무엇을 느끼는지 명확하게 알 수 있을뿐더러, 나의 감정을 받아들이고 나에게 정말로 필요한 것이 무엇인지도 알 수 있게 된다.

가정에서의 경청

우리는 경청하는 법을 배움으로써 '건강한 가정생활'을 효과적으로 이어나갈 수 있다. 하던 말을 중단하거나, 부모 자식 간에 말을 끊는 일도 점차 감소할 것이다. 대화 중 상대의 말을 끊는다는 건 다른 사람이 하는 말을 경청하지 않고, 자신의 답변에 대해서만 생각하고 있었다는 뜻이다. 답변이 떠오를 때 우리는 당장 말하고 싶어 한다. 그래서 이야기하는 상대의 말을 중단시킬 위험이 있으며, 상대가 나에게 했던 말 역시 집중해서 듣지 않는다. 우리의 뇌는 두 가지 일을 동시에 할 수 없기 때문이다.

대화의 리듬을 조금 늦추더라도 서로의 말에 제대로 귀 기울여야 한다. 그 이후에 우리는 진짜 대화를 시작할 수 있다.

들어라, 제대로 들어라

이건 가끔 가장 중요한 일이다

핵심포인트

· 아이가 자신이 겪는 어려움이나 고통에 대해 말할 때, 부모는 즉각적으로 행동하고 싶어 할 수 있다.

· 아이를 위한 부모의 '행동'은 이해하려고 노력하고, 안심시키고, 격려하고, 경험을 공유하고, 해결책을 찾고, 기분 전환을 시키는 것 등이 될 수 있다.

· 우리는 종종 누군가 아무 말도 하지 않고 내 말을 들어주기를 원한다.

· 대화 상대에게 도움이 필요한지 미리 물어보지 않았다면, 그건 분별 있는 개입이 아닐 수 있다.

이렇게 해보자!

1단계 : 아이가 어려움을 겪고 있다면, 경청의 시간을 제안하라

· 경청을 위한 정신적·시간적 여유가 있는지 체크한다. 만약 없다면, 다른 순간을 제안한다(아이의 말을 경청하기 위해서라고 설명하면서).
· 아이의 말은 단어로 듣지만, 마찬가지로 억양, 침묵, 제스처로도 듣는다.
· 경청에 있어 부모의 중요한 역할은 아이의 어려움을 이해하는 게 아니다. 아이가 자신이 느끼는 것을 명확히 알 수 있도록 돕는 일이다.

2단계 : 아이에게 들은 것을 반사하라

· 아이에게서 느껴지는 감정이 정확한지 확인하며 반사한다. 이는 아이가 자신의 감정을 다른 방식으로 표현할 수 있도록 도와주는 일이다.
· 아이에게 어떤 욕구가 원인일지 함께 생각해보자고 제안한다.

3단계 : 아이에게 도움을 제안하라

· 아이를 돕기 위한 여러 방식이 존재한다. 아이에게 원하는 방식을 묻는다.

부모 역시 필요할 때 친구나 주변 사람에게 경청을 요청하라

아이와 함께하는 비폭력대화

· 아이가 원하면 부모는 언제나 아이의 말을 들어줄 수 있음을 알려준다.
· 서로를 존중하며 대화하고, 상대의 말을 끊지 않는 게 왜 중요한지 설명한다.
· 다른 사람에 대한 판단보다는 자신의 욕구에 따라 표현해야 함을 알려준다.

경청 의자

왜 필요할까?

· 일상의 여러 사건에서 벗어나 경청할 시간을 확보하기 위해서
· 부모가 아이의 말을 경청할 수 있도록 하기 위해서
· 부부가 서로의 말에 귀 기울일 수 있도록 하기 위해서
· 형제가 서로의 말을 들을 수 있도록 하기 위해서

언제 하면 좋을까?

· 모든 순간에(말하는 사람이 필요로 하고, 듣는 사람이 온전히 집중할 수 있을 때)

어떻게 하면 좋을까?

조용한 공간에 두 사람이 앉을 수 있는 '경청 의자'를 마련한다.

서로의 동의하에 이 경청 의자에 앉을 때, 아이와 부모 모두는 다음과 같은 사실을 인지할 수 있다.

· 지금 부모에게는 아이의 말에 집중하는 데 필요한 모든 시간과 에너지가 준비되어 있다.
· 부모는 대화를 중단하거나 다른 활동에 방해받지 않고, 아이의 말을 온전히 집중해서 들을 것이다.

거울 놀이

왜 필요할까?

· 경청하는 법을 연습하기 위해서
· 경청하는 법을 즐겁게 배우기 위해서

언제 하면 좋을까?

· 하루 중 언제든지

어떻게 하면 좋을까?

이 놀이는 두 명이 할 수 있다. 두 명의 참여자는 서로를 마주 본다.

이 중 한 명은 첫 번째 '리더'이다. 그는 제자리에서 여러 동작과 제스처, 표정을 지어 보이며 2분 동안 계속 천천히 움직인다.
다른 참가자는 그의 앞에 서서 마치 거울인 양 그가 하는 동작과 표정을 따라 한다.

2분이 지난 후 '리더'를 바꾸고 놀이를 반복한다.

Q1. 아이가 자신의 말을 들어주기를 원한 적이 있는가? 어떤 상황이었는가?(전후 상황이나 장소 등을 자세히 적어보자)

Q2. 그때 대화는 어떻게 진행되었는가? 대화를 그대로 옮겨보자.

Q3. 다음에는 다른 방식으로 대화하기를 원하는가? 그렇다면 어떤 방식으로 대화하기를 희망하는가?

Q4. 내 스케줄 중(매일 혹은 주중에) 아이와 함께 보내는 조용한 시간이 있는가? 그 시간에 아이가 자신의 말을 들어달라고 할 수 있는가?

Q5. 만약 아이와 함께 보낼 수 있는 조용한 시간이 없다면, 언제 가능한가?

Q6. 누군가 내 말을 들어주기를 원할 때 요청할 수 있는 가까운 사람이나 친구가 있는가? 그는 평소 내 말을 어떻게 들어주는가? 또한 그가 당신의 말을 어떤 자세로 들어주기를 원하는가?

Chapter 3

온 가족이 함께하는 실전 비폭력대화

08

창의적으로 보며, 관점 확장하기

가족은 '또는'이 아닌, '그리고'이다

존중과 배려를 바탕으로 비폭력대화를 하고, 일상에서 아이에게 복종을 강요하지 않기 위해서는 창의성이 필요하다. 창의적으로 보기 위해서는 부모의 관점을 확장하는 것이 필요한데 이는 말처럼 쉬운 일이 아니다. 하지만 앞에서도 말했듯 부모의 의지와 노력이 있다면 얼마든지 가능하다.

요구에 대한 'NO!'는 욕구 거절과 다르다

우리는 아이의 요구가 정당하다는 것을 원칙으로 삼아야 한다(부모가 아이에게 하는 요구와 마찬가지로 말이다). 그렇다고 해서 아이의 모든 요구에 응하며, 항상 아이의 욕구를 충족시켜줘야 한다는 건 아니다. 그럼 어떻게 해야 할까?

1. 욕구와 전략 구별하기

보통 아이들의 요구는 욕구의 직접적인 표현이 아닌, 이 욕구를 충족하기 위한 전략일 가능성이 높다.

아이의 욕구:
쉬면서 잠시 생각을 멈추고 싶다!

직접적인 표현:
텔레비전을 볼 수 있을까?

아이가 느끼는 욕구는 종종 무의식적이다. 그래서 아이가 세운 갑작스러운 전략이 부모가 보기에는 욕구와 큰 연관이 없어 보이거나, 직접적으로 이해하기에 어려운 경우가 있는데 이건 당연한 일이다. 위 말풍선에서 '텔레비전을 보는 것'은 아이의 욕구가 아니다. 조금 더 '보편적인' 욕구(휴식)를 충족하기 위한 전략일 뿐이다.

우리는 어른이므로 휴식을 취하거나 생각을 잠시 멈추고 싶다면, 드라마를 볼 수도 있고 쇼핑을 하러 가거나 책을 읽을 수도 있다. 이처럼 사람과 상황에 따라 같은 욕구를 충족하기 위한 매우 다양한 전략이 존재하는데, 이는 좋은 소식이다.

만약 텔레비전을 보는 게 아이에게 좋지 않다고 생각되면, 아이가 받아들일 수 있는 다른 '전략'을 제안하기 위해 아이 요구 뒤에 숨어 있는 진짜 욕구를 이해해야 한다.

아이의 욕구가 휴식을 취하며 잠시 생각을 멈추는 거라면, 아이는 정원이나 공원에 가서 놀자는 부모의 제안을 거절할 확률이 높다. 반면에 음악이나 이야기를 듣는 거라면 아마 동의할지도 모른다.

2. 아이의 욕구 받아들이기

아이의 욕구를 충족할 방법을 찾는 것이 가끔은 불가능해 보인다. 그럼에도 아이의 욕구는 일단 받아들여야 한다.

자, 다음의 상황을 상상해보자.

당신의 어린 아들은 남동생이 병원에서 진료를 받는 동안 조용히 앉아서 오랜 시간 기다렸다. 병원을 나가 뛰어놀고 싶은 강한 욕구가 있었기에, 아이는 공원에 가서 놀고 싶다고 당신에게 요청한다. 불행히도 시계는 저녁 7시를 가리키고 있고, 곧 배관을 수리하러 배관공이 집을 찾기로 되어 있다. 당신은 약속 시간에 늦고 싶지 않다. 그렇다고 아이를 공원 대신 방에서 뛰어놀게 할 수도 없다. 아래층 이웃에게 소음을 줄이겠다고 약속했기 때문이다.

아이의 욕구를 곧바로 충족시켜줄 수 없다면, 큰 소리로 인정해주는 것이 필요하다. 그리고 왜 아이의 요청에 응할 수 없는지 자세히 설명해주어야 한다. 아이는 자신이 원하는 대로 뛰어놀 수 없을지라도, 부모가 자신을 이해한다고 느낄 수 있을 것이다.

우리는 아이에게 신나게 놀 수 있는 다른 좋은 아이디어가 있는지 물어볼 수 있다. 우리가 정한 제약에서 벗어나지 않는 조건에서 말이다. 어쩌면 부모가 미처 생각하지 못했던 전략이 아이에게는 있을 수도 있다.

3. 아이의 감정 명확하게 하기

가끔 아이는 '무엇을 어떻게 해야 하는지 모를 수' 있기 때문에 아이가 자신의 요구를 명확하게 표현할 수 있도록 부모가 옆에서 도와야 한다. 아이는 여러 욕망과 요구를 동시에 표현하며, 자신이 느끼는 감정과 충동 사이에서 어떻게 해야 할지 모를 수 있다. 그럴 때는 경청과 질문을 통해 아이의 진짜 욕구를 찾아주어야 한다. 아이가 현재 표출하는 여러 감정을 스스로 알아차리고, 그중 중요하다고 생각하는 욕구를 적합한 전략으로 충족할 수 있도록 도와주어야 한다.

'또는'에서 '그리고'로 넘어가기 위한 창의성

우리는 가끔 '나'와 '아이'의 욕구가 양립하지 않는다는 느낌을 받을 때가 있다.

당신은 조용히 홀로 있고 싶은데, 아이는 소리를 지르면서 사방팔방 뛰어다닌다. 이 시기가 지나면 당신은, 자기 방에서 나오지 않는 아이와 시간을 보내고 싶어 할 것이다. 이렇듯 일상생활에서 나와 아이의 욕구는 늘 일치하지 않는다.

그렇기에 우리는 각자의 욕구가 일치하지는 않더라도, 서로 이해는 할 수 있다는 사실을 기억하도록 노력해야 한다. 단지 각자의 욕구를 충족하기 위해 세운 전략들이 충돌하는 것뿐이다.

가족 구성원 모두 온전히 피어나기 위해서는, 창의성을 가져야 한다. 가족 안에서 우리의 목적은 함께 행복해지는 것이지, 누군가를 지배하거나 복종시키는 것이 아니다. '너 또는 나'가 아닌, '너 그리고 나'인 것이다.

당신은 조용히 있고 싶은데 아이는 떠들고 싶어 하는 이 상황에서, 아이를 조용히 시키거나 무작정 소음을 참기보다 부모 스스로에게 다음과 같은 질문을 던져볼 수 있다.

· 아이는 나에게 방해가 되지 않는 집의 다른 공간에서 놀 수 있는가?
· 나를 아이에게서 고립시킬 수 있는가? 부드러운 음악이 흐르는 헤드폰을 사용하거나?
· 내가 쉬는 동안, 아이 혼자 친구 집에 가서 놀 수 있는가?
· 나의 휴식을 30분 뒤로 미룰 수 있는가? 아니면 반대로 내가 낮잠을 잔 후 아이가 시끄럽게 놀 수 있는가?

어떤 제안들은 실현 불가능할 수도 있지만, 또 어떤 제안들은 해결책이 될 수도 있다. 부모와 아이는 서로의 욕구를 존중할 수 있는 방법을 함께 찾아야 한다. 이를 통해 우리는 주어진 상황에 적합한 해결 방법을 찾을 수 있다.

의무 사항과 요구 사항을 구별하라

일상에서 부모는 아이에게 '선택권을 주지 않는' 의무 사항을 강요할 때가 있다("배관공이 집에서 기다리고 있으니 공원에서 놀지 말고 바로 집으로 가자."). 그렇지 않을 때 우리는 아이에게 원하는 바를 단순하게 요구 사항으로 표현하는데, 이 방식을 사용하면 아이가 부모의 거절을 진심으로 이해할 수 있고, 모두의 욕구를 충족하기 위한 방법을 함께 고민해볼 수 있는 확률이 높아진다.

비폭력대화를 위해 우리는 요구 사항과 의무 사항을 구별해야 한다. 아이가 결정에 참여할 수 있을 때와 없을 때(아이가 아직 어려 어떤 문제에 책임질 수 없을 때)를 아이가 명확하게 알 수 있도록 하는 것이 좋다.

- **의무 사항**: "오늘 저녁에는 공원에 가지 않을 거야. 오늘은 너에게 선택권이 없어. 저녁 7시 전까지 집에 가야 하거든."
- **요구 사항**: "나는 집에 빨리 가고 싶어. 아직 저녁 준비를 하지 않았거든. 오늘 저녁에 공원에 가지 않는 것에 동의하니?"

'요구 사항'일 때 아이는 '노!'를 할 수 있으며, 그렇게 되면 모두가 수용 가능한 조건을 함께 찾아야 한다. 공원에 가되 15분 이상 머물지 않는 조건 등이 될 수 있다.

'부드럽게' 전달하고 싶은 마음에 아이에게 의무 사항을 요구 사항처럼 표현하지 않도록 주의해야 한다. 우리가 명확하게 구별하여 표현해야 아이는 자신의 좌표를 지니게 된다. 또한, 공원에 가는 것이 실질적으로 불가능한 상황이라면 "공원에 가지 않는 것에 동의하니?"라고 아이에게 요구하듯이 물어서는 안 된다.

놀이와 재미를 활용해 권력에서 벗어나라

다행스럽게도 우리는 요구 사항과 의무 사항을 넘어서 아이와 놀이와 재미를 공유하며 일상의 많은 어려움을 헤쳐나갈 수 있다.

장난감과 쿠션, 책 등이 사방팔방 흩어져 있는 거실을 정리하는 걸 좋아하는 아이나 부모는 없다. 하지만 우리는 모두 다 조금 더 정리된 환경에서 평온한 저녁을 보내고 싶다. 이럴 때는 어떻게 해야 하는가? 요구를 해야 하는가? 강요를 해야 하는가? 각자가 선택할 일이지만, 이런 상황을 놀이와 재미로 접근하는 것 또한 가능하다.

· **거실 청소를 함께 할 때**: "너희들이 좋아하는 노래를 틀 거야. 노래가 시작되면 다 같이 치우기 시작해서, 노래가 끝나기 전에 다 치우는 데 성공해보자!"
· **쓰레기를 버리러 가고 싶은 사람이 없을 때**: "우리 챌린지를 해볼까? 누가 핼러윈 마스크를 쓰고 쓰레기를 버리러 갈 수 있을까?"

이러한 방식으로 우리는 '하기 싫은 일'을 '함께하는 즐거운 시간'으로 바꿀 수 있다. 약간의 재치와 약간의 상상력, 그리고 창의력만 있다면 가능한 일이다. 이러한 요소들은 어느 하나로 국한되지 않는다. 수많은 상황에서 수백 가지로 응용이 가능하다.

· **아이가 씻기 싫어할 때**: "거품 목욕 하는 건 어때?"
· **식기의 물기를 닦아야 할 때**: "함께 노래 부르면서 하면 어떨까?"
· **야채를 먹기 싫어할 때**: "우리 집에서 야채를 키운다면 뭘 키우고 싶어? 여기 있는 야채 중 어떤 것과 우리 집에서 살고 싶은지 골라볼래? 내일 함께 준비물을 사러 가자!"
· **옷걸이에 옷을 걸기 싫어할 때**: "누가 먼저 옷걸이에 옷을 거는지 대결하는 거야! 단추까지 다 잠가야 해. 자, 호루라기를 불면 시작한다! 시작!"

창의적이며 풍부한 상상력을 지닌 부모가 되어 아이 역시 그렇게 성장할 수 있도록 도와야 한다. 하기 싫은 일을 누구 하나 싫은 마음으로 하지 않을 때, 어떤 하나의 일을 가족 모두가 힘을 합쳐 즐겁게 해낼 때, 우리는 가족 모두가 존중받고 있음을, 모두가 자유로움을 느낄 수 있다. 그러한 환경에서 생활한 아이가 집 밖에서도 즐겁게 생활할 수 있음은 당연하다. 또한 살아가면서 어렵고 하기 싫을 일을 마주하더라도 지혜롭게 해결하며, 자신의 내일을 향해 나아갈 수 있을 것이다.

모든 건 가능하다

창의적인 부모가 되어라

핵심포인트

· 욕구를 충족하기 위해 사람들은 본능적으로 행동 전략을 세운다.

· 내 행동 전략과 주변 사람들의 행동 전략은 충돌할 수 있다.

· 각자의 욕구에 맞는 행동 전략을 세우기 위해 창의성을 이용해야 한다.

· 당장 욕구를 충족할 수 없을지라도 귀 기울여 들을 수는 있다. 그것만으로도 초반의 감정은 어느 정도 진정이 된다.

이렇게 해보자!

가능한 한 자주 창의성을 활용하라

- 문제가 생겼을 때 가장 먼저 떠오르는 전략에 머무르지 않는다. 새로운 전략을 찾기 위해 나 자신 혹은 내 아이의 욕구를 더 깊게 이해한다.
- 일상의 작은 어려움을 해결하기 위해 놀이와 재미를 활용한다.

요구 사항과 의무 사항을 구별하라

- 무언가를 '요구 사항'으로 전달할 때는, 상대가 실행할 수도 있고 거절할 수도 있음을 기억한다.
- '의무 사항'으로 전달할 때는, 아이가 의사 결정에 참여할 수 없음을 이해하도록 확실하게 표현한다('의무 사항'이라고 해서 아이의 욕구를 들을 준비가 되지 않았다는 건 아니다).

각자의 욕구를 충족해줄 수 없을 때도 욕구를 인정하라

아이와 함께하는 비폭력대화

- 아이는 전략과 욕구를 어른보다 더 쉽게 혼동할 수 있다. 아이가 이 둘을 구별할 수 있게 도와준다.
- 아이들은 창의적이다. 모두의 욕구를 충족할 수 있는 전략을 찾기 위해 아이들에게 도움을 요청한다.
- 아이에게 요청 사항이나 의무 사항을 표현할 때 그 방식에 주의한다.

관찰 놀이

왜 필요할까?

· 창의성을 키우기 위해서
· 독창적인 전략을 생각하는 능력을 키우기 위해서
· 함께 즐겁게 놀기 위해서

언제 하면 좋을까?

· 모든 순간에
· 무언가를 기다리는 동안에(자동차나 대합실에서)

어떻게 하면 좋을까?

아무 물건 하나를 고른다. 되도록이면 우리 시야에 있는 물건으로 선택한 뒤 관찰하며 영감을 찾는다.

각자 차례대로 돌아가면서 이 사물의 용도를 찾아 설명한다. 용도가 너무 당연하거나, 논리적이거나 혹은 엉뚱해도 상관없다. 우리의 목표는 사물의 용도를 가능한 한 많이 찾는 것이다. 예를 들면 다음과 같다.

'책은 어디에 쓰이는가?'
· 시간을 보내는 데
· 아름다운 이야기를 발견하는 데
· 잠이 드는 데
· 서재를 장식하는 데

· 책을 만드는 사람들이 생계를 유지하는 데
· 나무가 없을 때 불을 지피는 데
· 흔들리는 옷장을 고정하는 데
· 책의 각 페이지를 활용하여 종이 냄비를 만드는 데

Q1. 휴식과 고요가 필요할 때 나는 주로 어떤 전략을 사용하는가? 재밌고 가벼운 활동이 하고 싶을 때 나는 주로 어떤 전략을 사용하는가?

Q2. 다른 어떤 창의적인 전략이 있을 수 있는지 생각해서 적어보자.

Q3. 내 전략이 주변 사람 혹은 아이의 전략과 일치하지 않았던 적이 있는가? 그때 우리 각자의 욕구는 무엇이었는가?

Q4. 위 상황이 다시 찾아온다면, 각각의 욕구가 상충하지 않는 다른 전략을 찾을 수 있는가?

Q5. 아이에게 무언가를 요구할 때, 거절을 당하거나 실천 조건을 함께 협상할 준비가 되어 있는가?

Q6. 만약 그렇지 않은 경우, 나는 아이에게 선택 가능성이 없다는 사실을 명확하게 말하는가? 어떠한 방식으로 말하는가?

09

틀과 의미 만들기

아이를 보호하고 가르치며,
가족 모두 행복하기 위해 필요하다

부모는 아이가 자신의 욕구에 귀 기울일 줄 아는 자유롭고 독립적인 어른이 되기를 희망한다. 또한 다른 이를 존중하고, 사회생활에 필요한 규칙을 지키는 어른으로 자라나기를 희망한다. 이런 부모의 바람을 비폭력대화에 적용하면 다음과 같다. '모든 감정은 정당하다. 하지만 그렇다고 모든 행동이 용납되는 건 아니다.' 아이에게 이 사실을 알려주기 위해서는 가정에도 틀과 규칙이 필요하다. 틀과 규칙이 명확하면, 가족 모두가 존중받고 지지받는다고 느낄 수 있다.

가족 규칙의 틀을 만들어라

우리에게는 부모로서 아이와 나누고 싶은 삶의 방식과 가정 분위기가 있을 것이다. 이를 위해서는 정식으로 '가족 규칙'을 정해 모두가 일상의 틀을 함께 구축해나가는 것이 매우 효과적이다. 다음의 사항을 고려하여 활용해보자.

1. 가족 모두를 고려해서 결정하기

가족 안에서 무엇이 허용되고, 무엇이 허용되지 않는가? 가족 구성원 각자의 평온한 일상을 위해 무엇이 중요한가?

우리가 실행하고자 하는 규칙을 다음과 같이 열거하는 것이 좋다.

· 긍정적인 언어를 사용한다.

· 말하고자 하는 바를 명확하고 구체적으로 표현한다.

이렇게 하지 마세요!	이렇게 하세요!
너무 늦게 자지 않는다.	충분한 안정과 수면을 위해 저녁 8시 30분에 불을 끈다.
식사 시간에 거실이 엉망이어서는 안 된다.	지나가다가 장난감을 밟는 일이 없도록 식사 시간 전에 거실을 정리한다.
말을 끊지 않는다.	가족 구성원 각자가 중요한 사람이라는 걸 알 수 있도록, 누군가가 말할 때는 귀 기울여야 한다.

말할 때는 긍정문이 좋다. 우리는 뇌는 무의식적으로 부정문을 기억하지 못하기 때문이다. 문장의 의미를 이해하기보다는 '너무 늦다' '엉망이다' '말을 끊다' 같은 부정적인 개념에만 포커스를 맞춘다.

부모가 중요하다고 생각하는 인생의 원칙도 '규칙'으로 넣을 수 있다. 예를 들면 '우리는 틀릴 권리가 있다'와 같은 원칙이다.

규칙을 지킴으로써 각자가 얻을 수 있는 혜택을 명확히 하는 것도 규칙을 이어가는 데 매우 중요하다. 규칙은 가족 구성원 모두가 만족할 수 있는 일상생활을 위해 필요하며, 모두의 정서적 욕구와 건강 그리고 안전을 위해서도 중요하다. 예를 들어 부모가 방해받지 않고 쉴 수 있는 시간을 규칙으로 정해두면, 휴식 후에 아이들과 더 좋은 시간을 보낼 수 있을 것이고, 아이들의 만족도 또한 높을 것이다.

2. 규칙에 대해 대화하기

대화는 아이의 나이를 고려하며 이루어져야 한다. 가족 구성원 모두가 규칙과 그 의미를(규칙이 왜 필요한지) 동일한 방식으로 이해하고 있는지, 이를 지키는 데 동의하는지 확인해야 한다. 아이가 어려서 규칙의 의미를 이해하기 힘들어하면, 가족 규칙을 도로 교통에 비유하여 설명해줄 수 있다. "차가 문제없이 잘 다니기 위해서 도로에는 잠시 멈춰야 할 장소와 빨간 불이 있어. 만약 어떤 운전자가 이를 지키지 않으면 교통사고가 나지. 마찬가지로 우리 가족 안에도 우리만의 '교통 규칙'이 있는 거야. 가족 모두가 존중받는다고 느끼고, 일상이 유쾌해질 수 있도록 말이야."

부모뿐만 아니라 아이들 역시 다른 가족 구성원의 동의하에 새로운 규칙을 추가하거나, 규칙 변경을 제안할 수 있도록 해야 한다.

3. 기존 틀 존중하기

피곤할 때 우리는 규칙을 지키고 싶지 않거나, 규칙에 대해 아예 생각하고 싶지 않을 수도 있다. 하지만 우리의 욕구나 기분에 따라 그때그때 이 틀이 변하도록 둔다면, 매번 규칙을 다시 협상해야 할 위험이 있다. 그렇게 되면 아이에게 명확성과 안정감을 줄 수 없고, 부모에게도 매우 피곤한 일이 된다. 게다가 몇몇 규칙들은 각자의 행복과는 별개로 필수 불가결한 조건일 수도 있다(예를 들면 욕설과 폭력 금지와 같은).

물론 어떤 규칙들은 가끔 예외가 있을 수 있다. 예를 들어 생일 파티나 파자마 파티 때는 취침이나 텔레비전 시청 시간과 같은 규칙을 지키지 않아도 된다고 아이들에게 말할 수 있다. 하지만 이럴 때는 아이들에게 그날의 예외적인 성격을 잘 설명해줘야 하며, 이번에만 규칙이 적용되지 않는다는 사실을 분명히 말해주어야 한다. 틀이 명확하고, 가족 모두가 이를 받아들이고 이해했다면, 아마 가능할 때와 가능하지 않을 때를 가장 먼저 환기하는 건 아이들일 것이다.

4. 규칙을 지키지 않을 경우

현실적으로 생각해야 한다. 규칙이 아무리 명확하고 모두가 이를 받아들였다고 해도 항상 지켜지지는 않을 것이다. 아이는 삶의 여러 단계에서 수많은 감정을 느끼며 계속 성장하고 있기에, 함께 채택했던 틀을 어느 순간에는 문제 삼을 수도 있다. 가끔은 고의적으로, 또 가끔은 인지하지 못한 채로 말이다. 이런 경우에는 어떻게 해야 할까?

이때는 몇몇 규칙에 변화가 필요함을 고려해야 하는 순간인지도 모른다. 아이들은 성장하고 있고, 그 과정에서 욕구가 변했을 수 있기에 어쩌면 기존 틀이 더 이상 적합하지 않을 수도 있다.

혹은 틀 자체는 여전히 유효하지만, 규칙을 지키고 싶지 않은 아이들의 단순한 마음에서 그랬을 수도 있다. 이런 상황에서 부모 세대는 주로 벌을 받았다. 지키지 않은 규칙과는 아무런 상관없는 벌을 받기도 했고, 좋아하는 것이 금지되기도 했다. 학교에서는 공책에 글 옮겨 쓰기 벌을 받았고, 집에서는 텔레비전이나 게임 금지, 혹은 외출 금지 벌을 받았다.

하지만 이런 방식으로 아이에게 벌을 줄 경우, 어른이 권력을 행사할 수 있다(어른은 강요할 수 있다)는 것을 아이 삶에 반영할 뿐이다. 또한 규칙을 어긴 것이 왜 문제가 되는지 아이는 이해할 수 없고, 오히려 하지 말라고 한 텔레비전 시청이나 게임에 더 큰 매력을 느낄 수 있다.

그렇다면 이러한 상황에서 부모는 어떻게 해야 하는가?

벌을 받는 대신 자신의 선택과 행동의 결과를 아이가 직접 겪게 하면 된다. 규칙을 지키지 않으면 이는 반드시 결과를 야기한다.

· 아이가 친구에게 욕을 했다. ⇒ 그 친구는 더 이상 아이와 놀고 싶어 하지 않는다.
· 취침 시간을 지키지 않았다. ⇒ 불을 끄기 전에 부모와 아이가 함께 책을 읽거나 대화를 할 시간이 부족하다.
· 반찬이 맛없다고 저녁밥을 먹지 않았다. ⇒ 배고파서 잠을 이룰 수 없다.

이런 결과들은 알아서 나타날 것이다. 의도하여 내린 벌이 아니라, 규칙을 지키지 않아서 발생한 논리적인 결과들이다. 아까와 마찬가지로 도로 교통에 비유하자면, '빨간 불을 지키지 않아 접촉 사고가 발생한 것'이다.

우리의 역할은 '위기'의 순간이 지난 후, 이러한 결과를 아이들에게 자세히 설명하고 규칙의 의미와 목적을 환기하는 일이다. 규칙은 아이를 보호하고 가족 모두가 행복하기 위해 필요한 것이지, 부모가 아이에게 이유 없이 강요하기 위해 존재하는 것이 아니다.

규칙을 지키지 않으면 삶이 자연스럽게 덜 아름다워진다는 사실 역시 이러한 과정을 통해 모두가 알 수 있을 것이다(직접적으로나, 이 일로 악화될 다른 사람들과의 관계를 통해서).

5. "네 방으로 가!"라는 말

아이 혼자 시간을 보내는 것은 벌을 위해서가 아니라, 서로를 보호하기 위해서 종종 필요하다. 특히 분쟁 상황에서 서로의 감정이 격해지기 시작할 때 그렇다. 아이는 방에 홀로 있으면서 감정을 가라앉힐 수 있고, 어느 정도 진정되었다고 느낄 때 다시 나올 수 있다. 여기서 중요한 건 아이의 방이 벌과 감금의 장소가 되어서는 안 된다는 점이다. 아이의 방은 아이가 재충전할 수 있는 편안한 장소가 되어야 한다. "집에서 이런 몸싸움은 하지 않기로 했잖아. 방이나 조용한 장소에 가서 잠시 마음을 가라앉힐 시간을 갖도록 하자."

상황을 돌이켜보고 충분히 생각할 수 있는 시간이 지난 후, 아이들에게 각각 찾아가 분쟁을 해결할 수 있도록 도움을 줄 수 있다. 물론 아이들이 원한다면 말이다. 아이가 마음 편하게 머물 수 있는 장소에서 함께 상황을 되새겨보고, 어떤 욕구로 인해 아이가 그러한 행동을 했는지 편하게 이야기해보는 시간이 필요하다. 이때 상대의 생각이나 욕구도 부드럽게 전달해주면 좋다. 생각을 정리한 아이는 상대의 마음을 고려할 준비가 되어 있을 것이다.

의미를 부여하고, 나아갈 길을 보여주어라

임의적이고 의미가 없는 틀은 지속될 수 없다. 우리는 아이에게 '복종'하는 법을 가르치기 위해 규칙을 세우는 것이 아니다. 가족 모두에게 유익하고, 우리가 희망하는 가정을 만들어가는 데 필요하다고 생각하기 때문에 이런 규칙을 정하는 것이다.

'당신의 장점과 내세울 점'이 뭐냐는 질문에 "저는 복종하는 사람입니다."라고 답할 어른은 없다. 우리는 우리 자신을 '대담'하고, '독립적'이고, 다른 사람을 '존중'하고, '남의 말을 귀 기울여' 듣고, '추진력' 있는 사람이라고 묘사하고 싶을 것이다.

그렇다면 우리는 왜 어린아이에게 장점 중 하나로 복종을 요구하는 걸까? 물론 아이를 보호하기 위해 무언가를 명령할 때는 아이가 내 말을 듣기를 원할 수 있고, 또 그래야만 안전하다. 그러나 이러한 정당한 욕구를 제외하고는, 아이에게 복종이 아닌 행동의 의미를 전달하는 편이 훨씬 더 지속 가능성이 있다. 게다가 어른이 아이에게 끊임없이 덜 '필수적인' 것에 대해 명령한다면, 정말 위기의 순간에 하는 명령("멈춰!" "지금 길 건너면 안 돼!")은 다른 것들에 묻힐 가능성이 높다.

그러니 아이에게 어떤 행동을 강요하기보다, 어떤 규칙을 주입시키기보다, 그에 대한 '의미'를 전달하는 데 힘써야 한다. 깊은 대화를 통해 의미를 전달하고, 아이가 제대로 이해했는지 확인하기 위해 묻고 또 물어야 한다. 아이는 부모의 말을 그대로 흡수하기에 맹목적으로, '그냥 그래야 하니까' 따라 하는 것일 수도 있다. 그러니 아이의 말로 의미를 재확인하는 과정이 꼭 필요하다.

또한, 우리의 삶을 주도하는 의미와 가치를 부모 스스로 구현하기 위해 최대한 노력해야 한다. 아이에게만 어떤 규칙을 요구한다면 그건 아무리 '꼭 지켜야 할 규칙'이라 할지라도 아이에게는 강요와 다름없는 나쁜 규칙으로 느껴질 것이다. 그러니 부모부터 가정의 틀과 규칙을 잘 이행하는 것이 필요하다. 부모가 '일상에서 하는 행동'과 '이상대로 살고자 하는 열정'은 '가치 있다고 믿는 것'을 아이에게 전달하기 위한 최고의 수단이다.

이상적인 틀을 만들어라

규칙에는 의미가 필요하다

핵심포인트

- 가족 모두가 서로 존중하고 배려하며 행복하기 위해서는 틀이 필요하다. 모든 감정과 욕구가 정당하다고 해서, 모든 행동을 다 받아들일 수는 없다.
- 그때그때의 상황이나 기분에 따라 규칙을 변경하는 것은 가정 안의 임의성과 불안을 야기한다.
- 아이들에게 행동의 의미와 결과를 깨닫게 하는 것은 단순히 복종시키는 것보다 지속 가능성이 높다.
- 의미 있는 규칙은 불이행 시 논리적인 결과가 따르므로 일부러 벌을 줄 필요가 없다.

이렇게 해보자!

가족 구성원 모두가 만족하는 틀을 세워라

- 내가 원하는 가족의 삶은 무엇인지, 어떤 규칙들이 가정 안에서 지켜졌으면 좋겠는지 정확하게 파악한다.
- 가족 구성원이 모두 함께 규칙을 세우고, 이를 공유한다.
- 규칙을 지킴으로써 가족 구성원 각자가(혹은 모두가) 얻을 수 있는 혜택을 자세히 설명하고, 가능한 한 긍정적인 방식으로 규칙을 표현한다.

가족 구성원의 나이 변화와 욕구에 따라 틀을 주기적으로 재검토하라

아이와 함께하는 비폭력대화

- 모두 함께 정한 규칙은 아이를 보호하고 가족 모두 행복하게 하는 데 쓰인다는 것을 아이에게 설명한다. 이를 통해 권력관계에 기반을 두지 않는 지표를 만들 수 있다.
- 가정에서 어떤 삶을 살기를 원하는지, 이를 위해 중요한 규칙은 무엇인지 아이에게 말해달라고 제안한다.
- 함께 결정한 규칙이 지켜지지 않을 때는, 아이에게 그 결과를 겪게 하고 이에 대해 함께 이야기 나눈다.

가족회의

왜 필요할까?

- 가정 안에서 지켜야 할 규칙이나 실천해야 할 사항들을 함께 결정하기 위해서
- 긴장의 순간에서 벗어나 가족 구성원들이 서로 이야기하고 듣기 위해서
- 지난 분쟁이나 불화에 대해 다시 침착하게 대화하며 오해를 풀고, 해결책을 찾기 위해서

언제 하면 좋을까?

모든 가족 구성원들이 시간적·정신적 여유를 가지고 침착한 상태에서 모일 수 있을 때가 좋다. 예를 들어 함께 식사를 하고 난 후 혹은 간식을 먹으면서 하면 좋다. 아이가 배고픈 시간은 피한다. 배고프면 회의에 온전히 '참석'하기 어렵기 때문이다. 가족회의에 소요되는 시간은 아이의 나이를 고려해서 결정해야 한다.

어떻게 하면 좋을까?

예를 들자면 의제는 다음과 같다.

- **가정 내 규칙 조율**: '모든 것이 현재 잘 되어가고 있는가?' '각자가 말하고자 하는 사항이 있는가?' '모든 사람이 규칙을 잘 준수하고 있는가? 그렇지 않다면 어떻게 해야 더 잘할 수 있는가?'
- **가정에서 겪은 어려움에 대한 도움이나 변화 요청**: "하지 말라고 했는데도, 몇 주 전부터 내가 숙제할 때마다 동생이 방에 들어와요. 더 이상은 못 참겠는데 어떻게 해야 이 상황을 멈출 수 있을지 모르겠어요."
- **계획이나 하고 싶은 것들에 대한 대화**: "다음 방학에는 뭐 하고 싶어?" "이번 여

름에 집에서 파티를 하면 어떨까?"

말하거나 경청할 때 지켜야 하는 규칙은 매우 중요하며, 그 내용은 다음과 같다.

· 부모 중 한 명이 가족회의를 진행한다.
· 각자 자기 차례에 말을 하고 가족 구성원들은 여기에 귀 기울인다. 다음 차례인 사람에게 말 바통을 넘기면, 어린아이들이 원활하게 회의하는 데 도움이 된다(특정 멘트를 정해서 상대에게 말을 넘기거나, 품에 안을 수 있는 인형 등을 활용해서 말하는 사람이 누구인지를 인지시키는 것도 좋은 방법이다).
· 갈등 상황에 대해 말할 때는 자신이 이해하고 느낀 것, 다른 사람이 나에게 한 요청까지 구성원 각자가 본인의 언어로 다시 표현하도록 한다. 이를 통해 모든 메시지를 상호 명확하게 이해하는 게 필요하다.
· 가족회의는 모두가 보호받는 시간으로, 분쟁으로 번져서는 안 된다. 개인이 겪는 어려움과 감정 및 욕구가 자유롭게 표현될 수 있어야 한다. 부모는 이런 상호 존중의 보증인이며, 대화 중 평화를 위해서라면 부모가 자녀의 말을 다른 방식으로 표현해도 좋다. 이때, 앞에서 이해한 개념들을 활용하면 도움이 된다('나'로 시작하는 문장, 판단을 감정과 욕구로 전환하기, 창의적으로 해결 방법 찾기, '또는'에서 '그리고'로 바꿔 말하기 등).

계약

왜 필요할까?

· 아이와 함께 명확한 공동의 전략을 세우기 위해서(가정 내 교육이나 관계 문제에 대한)
· 아이가 본인 행동의 결과를 정확하게 알고 예측함으로써 자립성을 키우게 하기 위해서

언제 하면 좋을까?

· 일상생활에서 아이와 부모의 마찰이 자주 발생하여 '특정' 대응이 필요할 때

어떻게 하면 좋을까?

계약은 부모와 아이에 의해 체결된다.

다음 사항에 대해 함께 알아본다.

· **계약의 대상이 되는 행동**: 일주일 동안의 총 게임 시간
· **부모의 욕구**: 아이의 충분한 수면, 숙제나 과외를 하기에 충분한 시간, 아이의 건강과 시력 유지 등
· **아이의 욕구**: 긴장을 풀고 재미있게 노는 것, 친구들과 대화할 주제가 있는 것

위의 사항을 고려하여 모두가 받아들일 수 있는 규칙을 함께 세운다. 언어로 표현하여 글로 적고, 규칙이 지켜졌는지 아닌지를 판단할 기준을 함께 세운다. 또한 지키지 않을 경우의 결과도 부모와 아이가 함께 정한다.

- **규칙**: 일주일에 나흘만 게임할 수 있다, 저녁 10시 이후에는 할 수 없다, 하루 1시간 이상 해서는 안 된다.
- **판단 기준**: 컴퓨터의 타이머로 평가한다.
- **계약 불이행 시 결과**: 아이는 게임이 하고 싶을 때마다 부모의 허락을 맡아야 한다(아이의 자율성은 줄어들고, 부모는 아이가 게임하는 시간을 통제하도록 도울 수 있다).

계약을 맺을 때는 중간 점검 일정도 함께 정해야 한다. 중간 점검 때는 계약을 지켰는지, 지키지 않았다면 어떤 이유에서인지, 계약을 변경해야 하는지 등을 체크한다.

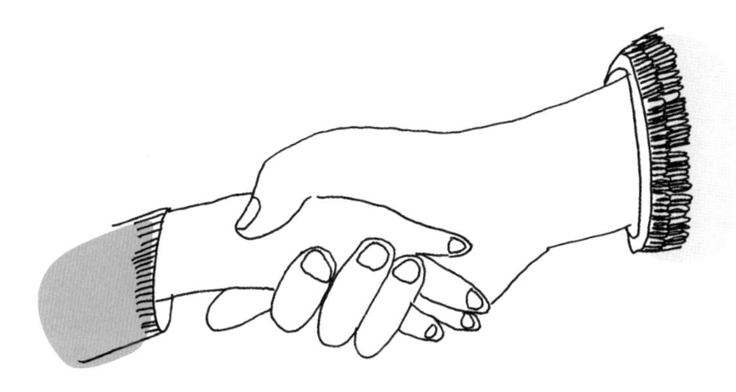

Q1. 지금까지 기억날 만큼 크게 영향을 미친 가치와 삶의 방식이 있는가? 그것들은 나의 어린 시절에 어떤 영향을 미쳤는가?

Q2. 부모로서 나는 내 아이에게 무엇을 전달하고 싶은가?(가치, 세상을 살아가는 방식, 타인과 함께하는 방식)

Q3. 내가 꿈꾸는 가족 관계를 설명해보라.

Q4. 내가 원하는 관계를 형성하기 위해서는 어떤 규칙이 도움이 될 수 있는가?

Q5. 우리 가족이 실행하고 있는 규칙을 최근 재검토한 적이 있는가? 규칙은 여전히 우리의 욕구에 적합한가?

10

분노 길들이기

분노는 유익한 경보이다

감정의 위력과 감정 그대로를 받아들이는 게 중요하다는 사실은 앞에서 이미 배웠다. 여러 감정 중에서도 우리가 가정에서 자주 느끼는 특수한 감정이 있는데, 바로 분노이다. 어른뿐만 아니라 아이들도 화를 자주 낸다. 자기들끼리, 부모에게, 심지어는 마음대로 되지 않는 조립장난감 앞에서 혼자서 화를 내고는 한다.

우리는 분노가 일어나면 순식간에 제일 사랑하는 사람에게 소리를 지르고, 벌을 주고, 문을 마구 때릴 수 있다. 어떻게 해야 우리를 무자비하게 침범하는 분노라는 감정을 받아들이면서도 유용하게 사용할 수 있을까? 분노로 인해 가족 관계가 망가지고, 폭력이 일어나는 것을 방지하면서 말이다.

분노를 사랑하라

가족 안에서 배려하고 존중하며 소통하고자 할 때, 분노를 적이라고 생각할 위험이 있다. 하지만 이것은 전혀 사실이 아니며, 오히려 그 반대이다. 분노는 '나쁜 감정'이 아니며, 다른 감정과 마찬가지로 우리의 욕구에 대해 알려주는 지표이다. 자신의 욕구를 알면 스스로를 더 잘 알 수 있게 되며, 가족 구성원이 효율적으로 소통하는 데 소중한 정보가 된다.

분노를 억압하기 위해 감정이 우리에게 보내는 메시지를 이해하기보다 피하려고만 한다면, 다른 감정과 마찬가지로 분노는 우리를 덮칠 것이고 결국에는 더 많은 피해를 초래할 것이다.

가족 간에 분쟁이 있거나 서로를 이해하지 못해 힘들었던 상황에서도, 효과적인 대응 방안을 찾는 데 나와 아이의 분노가 도움이 되지 않는다고 생각했던 경험이 있을 것이다. 이는 아이들끼리 말다툼을 할 때도 마찬가지이다.

하지만 분노는 정신 건강에 이롭고 유용한 경보이다. 그러니 분노를 잘 길들여서 가족 간의 대화에 건설적으로 활용해야 한다.

분노의 컵이 넘치는 순간

분노는 매 순간 우리를 찾아온다.

- **중요한 것을 말하거나 행동하지 못하고 참아왔을 때**(개인적인 생각이나 어떤 주제에 대한 반대 의견, 휴식, 이해, 안정 등 모든 욕구)
- **하고 싶은 생각이 전혀 없던 것을 억지로 했을 때**(상대를 기쁘게 하기 위해, 문제를 일으키지 않기 위해, 버림받지 않기 위해)

이러한 상황이 지속되면 '분노의 컵'은 가득 차게 되고, 여기에 단 한 방울의 사건이라도 더해지면 컵은 넘쳐 주변으로 범람할 수 있다.

물론 우리는 어떤 특정한 사건 하나만으로도 분노할 수 있다. 왜냐하면 이 컵은 몇 날, 몇 주에 걸쳐 지속되는 불만과 불화로 조금씩 채워지고 있었기 때문이다. 하나의 사건이 지난 경험들을 환기시키면서 강렬한 반응이 일어나는 것이다. 당시에는 감정을 억압할 수 있었을지 몰라도, 결국에는 이렇게 분노라는 흔적을 남기고 만다.

분노의 컵이 한 번 넘치기 시작하면, 이를 막는 일은 매우 어렵다. 게다가 그동안 불만을 잠재우려고 꾹꾹 눌러왔던 만큼 분노가 폭력의 형태로 분출될 위험이 있다. 이렇게 되는 것을 피하기 위해 우리는 다음의 두 가지 방식으로 행동할 수 있으며, 이것들은 상호 보완적이다.

· **자신의 감정 및 욕구를 최대한 고려하자. 물이 넘치기 직전의 상태를 피할 수 있다.**
· **분노에 귀 기울이는 법을 배우자. 분노 뒤에 감춰진 것을 보기 위해 노력하자.**

분노 뒤에 감춰진 것을 찾아라

모든 감정이 그렇듯 분노 또한 우리 자신(혹은 타인)과 잘 지내기 위한 정보를 알려주는 소중한 지표이다. 그러나 분노는 정확히 알아채기 쉽지 않다. 표출되는 방식으로 인해 분노가 감정의 '표면'에만 주로 머무르기 때문이다. 분노에 처하면 우리의 에너지는 나와 내 욕구에 집중하기보다는 외부로 향하게 된다(문을 쾅 닫고 싶은 욕망, 아이를 벌하고 싶은 욕망). 분노의 순간에 우리는 '내 안'이 아닌, '내 밖'에 있는 것이다.

하지만 내 앞에 있는 사람과 관계를 잘 유지하고 동시에 그가 내 말을 진정으로 듣게 하기 위해서는, 분노의 순간에도 나 자신에게 돌아오는 것이 우선이다.

우리는 무언가가 다른 사람의 잘못이라고 생각하기 때문에 분노를 폭력적으로 표출하고는 한다. 아이가 소파에 마구 잼을 발랐다면, 우리는 이렇게 생각한다. '아이가 소파에 잼을 발랐으니 이건 아이의 잘못이지!'

물론 소파의 상태는 아이의 책임이지만, 나의 분노는 아이의 책임이 아니다. 감정에 대한 책임은 항상 스스로에게 있으며 분노도 이에 해당한다.

다음과 같은 생각이 들 수도 있다. '일부로 저러는 거야. 내 한계를 시험하려고!' '아이를 봐주는 사람이 하루 종일 아이가 하고 싶은 대로만 놔두니 저럴 수밖에!'

결국 상황에 대한 나의 판단이 분노를 야기한다. 우리의 판단은 이런 식일 수 있다. '지긋지긋해! 맨날 똑같아. 잠시도 조용히 쉴 수 없어. 나는 이미 할 일이 넘치는데, 아이는 항상 저런 짓을 해!' 이런 식으로 마음속 경계 신호에 빨간 불이 들어온다.

바로 이때 분노 뒤에 숨어 있을 수 있는 다른 감정들을 찾아야 한다. 이는 낙담일 수도 있고(벌써 저녁 7시인데, 이걸 다 치워야 한다고…?) 걱정일 수도 있다(소파에 생긴 자국이 안 지워질 텐데…, 다시 사려면 너무 비싸!). 이게 우리가 느끼는 감정이라고 인정한다면, 낙담과 걱정은 분노가 아니다. 만약 우리가 이를 인지하고 위의 감정을 온전히 받아들인다면, 분노가 가라앉는 것을 분명 느낄 수 있을 것이다.

'우리를 점령하는 분노'는 경고이다. 하지만 '분노'는 우리 가장 깊은 곳에서 느끼는 것을 이해할 수 있도록 도와주는 입구이기도 하다. 입구에 서서 안으로 들어가지 않는 것은 안타까운 일이다. 자신의 감정을 더 잘 알게 되면, 아이의 잘못 이후 '내가 어떻게 느끼는지'와 '아이의 행동으로 인한 결과'를 아이에게 더욱 명확하게 전달할 수 있을 것이다. 아이에게 소리 지르는 것에 만족한다면, 아이는 행동에 대한 결과보다는 부모와의 분쟁만을 기억할 것이다.

하지만 분노가 참을 수 없을 만큼 차오를 때는 어떻게 해야 할까?

일단 침묵하라

분노로 가득 찼을 때 입을 열면 어떻게 되는지 우리는 이미 잘 알고 있다. 지나친 말이나 행동을 할 위험이 크다. 우리는 말 그대로 '화가 나서' 그 행동을 하고 그 말을 한 것이다.

분노는 우리의 욕구에 대해 가르쳐주지만, 커뮤니케이션에 있어서는 좋은 조언자가 아니다.

· 내 생각이 아닌 것을 말할 위험이 있으며, 이는 소중한 사람과의 관계를 망가뜨릴 수 있다.
· 내가 정말로 중요하다고 생각하는 것을 말하기보다는, 단지 누군가에게 책임을 전가하는 데에만 만족할 수 있다.

그러니 분노가 올라온다고 느끼면, 더더욱 아무 말도 하지 않는 시간이 필요하다.

침묵하면서 내면의 분노에 집중하라

1단계 : 몸의 반응을 느껴라.

2단계 : 머릿속에 있는 모든 분노와 폭력의 단어들을 가만히 듣는 시간을 가져라. 만약 이를 외부로 표출하고 싶은 충동이 들면, 잠시 혼자만의 시간을 가져라.

3단계 : 어떤 생각이 우리를 분노하게 했는지 자신에게 질문하라. 표출되지 못하고 쌓인 불만은 무엇인지, 왜 정확히 이 시점에 우리를 분노하게 했는지.

4단계 : 분노 말고 내 안에 어떤 다른 감정들이 있는지 느껴라.

5단계 : 내 안의 다른 감정을 알게 되면 분노가 가라앉는 것을 느낄 수 있다. 원한다면 이때 대화를 시작하라. 서로의 말에 귀 기울이면 말의 진짜 의미를 이해할 확률이 더 높다. 여전히 분노가 남아 있다고 하더라도 침묵의 시간을 통해 실제 감정에 적합한 단어를 찾을 수 있다.

아이가 분노를 길들일 수 있도록 도와주어라

이제 막 하교한 초등학교 6학년 아이를 예로 들어보자.

당신은 아이에게 학교에서 좋은 하루를 보냈는지 물어본다. 아이는 그렇다고 대답하고, 모든 건 평소와 다름없어 보인다. 아이가 거실에서 책을 읽기 시작했을 때, 휴대폰을 새로 산 아이의 형이 수신음을 고르며 아이에게 다가간다. 바로 그때 당신은 갑작스러운 아이들의 고성과 쾅 닫히는 문소리, 계단을 내려오는 시끄러운 발소리를 듣는다. "조용히 있게 나 좀 내버려둘 수 없어? 나 지금 책 읽고 있잖아. 다들 왜 신경을 안 쓰는 거야!" 물 한 방울이 분노의 컵을 넘치게 했고, 형은 동생이 쌓아온 모든 분노의 대가를 치르는 것처럼 보인다.

아이가 '뚜렷한 이유 없이' 화난 것처럼 보이는 이 상황에서 우리는 어떻게 해야 할까? 아이에게는 아직 분노를 해소할 만한 자원과 도구가 없다. 이 사실을 고려해서 다음과 같이 아이를 도와주어야 한다.

1단계 : 아이가 갑작스럽게 화를 냈다고 해서, 아이에게 죄책감을 주는 언행은 하지 말자. "아무것도 아닌 일로 이렇게 화를 내면 되겠어? 당장 조용히 해!"라는 말은 아이를 조종하고 억압하기 위한 것밖에는 되지 않는다. 아이는 이때 자신의 분노가 '나쁜 감정'에서 비롯되었다고 생각할 수 있다.

2단계 : 아이의 반응(분노)이 실제 상황과는 거리가 있다는 사실을 알려주고, 아이의 감정을 이해하고 싶다고 전한다.

3단계 : 아이에게 '분노의 컵'에 대해 설명해주며, 이 사건이 아이가 분노한 유일한 원인이 아니라는 걸 깨닫게 해준다. 아이는 자신이 왜 이렇게 화가 났는지 이해하지 못한 채, 갑작스럽게 분노한 자신을 원망하고 있을 수 있다.

4단계 : 아이의 하루에 대해 이야기하는 시간을 갖자. 자신의 중요한 감정과 욕구를 아이가 언제 억눌렀는지, 그것들이 어떻게 아이의 분노의 컵을 차오르게 했는지 함께 이해할 수 있다.

5단계 : 분노의 컵이 차는 것을 막기 위해 앞으로 어떻게 해야 할지 아이와 이야기해보자.

감정을 해소하기 위한 다양한 재충전 방법을 아이와 함께 생각해볼 수도 있다. 잘 쉬는 방법만 알아도 감정 해소를 위한 자원을 개발한 것과 다름없는데, 이 부분은 13장에서 자세히 알아보도록 하자.

조심! 분노는 다가오고 있다

분노에게 나를 빼앗기지 않도록, 시간을 갖자!

핵심포인트

· 분노는 경보다.

· 분노는 행복을 위해 필요한 것을 찾을 수 있도록 도와주는 동맹자다.

· 분노와 불만이 전달하는 메시지를 듣지 않고 억압하는 것은 위험하다. 언젠가는 '폭발'할 수 있다.

· 분노에 처하면 '내부가 아닌 외부' 집중할 가능성이 더 높다. 즉, 내 욕구에 집중하기보다, 다른 사람의 잘못에서 분노의 이유를 찾을 위험이 높다.

· 분노는 잘 사용하면 유익하지만, 커뮤니케이션에 있어서는 나쁜 조언자다.

이렇게 해보자!

내부에 집중하라

- 분노의 컵에 물이 차는 정도를 보면서, 내 감정을 듣고 내 욕구를 고려하며 행동한다. 이를 위해서는 원치 않은 요구에 '노!' 할 수 있어야 한다.
- 어떤 경우에도 바로 반응해야 할 의무는 없다. 필요하다고 느끼면, 다른 어른에게 아이를 맡기고 홀로 시간을 보낸다.

가까운 이에게 경청을 요청하라

- 다른 사람에게 중립적이며 배려 있는 경청을 요청한다. 이때 중요한 점은 사건의 잘잘못을 가리는 것이 아닌, 단지 들어주기라는 것을 서로가 명확히 하는 일이다. 나에게 중요한 점이 무엇인지를 먼저 생각한 후 거기에 대해 말해보자.

분노를 표현하는 5단계를 기억하라

1단계 : 당장 말하지 않는다. 머릿속에서 모든 분노와 판단을 표현한다.
2단계 : 호흡한다. 몸의 감각을 관찰하며 그것이 자연스럽게 지나가도록 한다.
3단계 : 나를 분노하게 하는 것들을 생각하고 인식한다.
4단계 : 내 분노 뒤에 감춰져 있는 다른 감정들을 찾고 그것들을 받아들인다.
5단계 : 내 감정의 근원에 어떤 욕구가 있는지 찾고 표현한다.

아이와 함께하는 비폭력대화

- 어린아이들은 감정을 스스로 해소할 만큼 정서적으로 충분히 성숙하지 않다. 특히 분노에 대해서는 더욱 어려움을 겪을 수 있기에 부모가 옆에서 도와주자.
- 분노가 '나쁜 감정'이라고 믿게 하지 말자.
- 자신의 '분노의 컵'을 잘 관리하는 법을 가르쳐주자.

감정 쿠션

왜 필요할까?

· 관계에 영향을 미치지 않으면서 감정이 밖으로 드러날 수 있도록

언제 하면 좋을까?

· 감정을 외부로 표출해야 할 때

어떻게 하면 좋을까?

아이의 방 혹은 경청하기 적합한 곳에 쿠션을 둔다.

· 감정 쿠션은 감정 쿠션을 위한 용도로만 사용한다.
· 충분히 크고, 부드러운 쿠션을 선택한다.
· 가족 각자가 자신의 쿠션에 표시를 한다.

밖으로 표출해야 하는 강렬한 감정이 일어날 때 감정 쿠션을 사용한다. 무언가를 치고 싶거나, 울고 싶거나, 안고 싶어질 때 등….
감정은 감각뿐만 아니라 단어와 제스처를 통해서도 경험이 가능하기에, 감정 쿠션을 통해 자신의 감정을 쏟아내는 시간은 아이들에게 매우 유익하다.

다만 여기서 멈추지 않고 감정과 연결되어 있는 욕구가 무엇인지 아이들이 직접 찾아 표현할 수 있도록 도와야 한다. 감정 쿠션에 분노를 방출하는 행위가 분노 뒤에 숨은 욕구를 찾는 데 방해가 되어서는 안 된다. 이 점을 기억하지 못하면 감정 쿠션은 분노를 '수면 위'로 떠오르게만 할 뿐이다.

Q1. 최근에 언제 화를 냈는가? 그 상황은 무엇인가? 지금 다시 생각해보면 그 분노 뒤에는 어떤 다른 감정들이 숨어 있는가?

Q2. 내가 항상 화를 내는 어떤 특정한 상황이 있는가? 그때 어떤 여러 감정이 들었는가? 그리고 그 순간에 충족되지 못한 나의 욕구는 무엇이었는가?

Q3. 내 안의 분노가 올라오는지, 내가 폭발할 위험이 있는지 알 수 있는 나만의 신호는 무엇인가? 또한 내가 분노하리라고 내 주변 사람들이 알아챌 수 있는 신호는 무엇인가?

Q4. 내 '분노의 컵'은 어떠한가? 물 한 방울로 컵이 넘치는 상황이 자주 일어나는가?

Q5. 화를 가라앉히기 위한 나만의 방법은 무엇인가? 분노의 컵에 든 물을 비우기 위해서는 어떤 방법이 효과적인가?

Q6. 내 말을 들어줄 사람이 필요할 때 나는 누구에게 의지할 수 있는가?

11

아이의 모진 말에 대처하기

내가 듣거나 보는 것이
상처가 될 때

부모라면 분노와 같이 매우 강렬한 감정에 사로잡힌 아이와 대화해야 할 때가 있다. 이런 순간에는 '항상' '결코' 등 치명적인 단어들이 방 안을 날아다니고는 한다. 어른인 부모 역시 이런 모진 말을 듣거나, 비난을 받으면 평정심을 유지하는 데 어려움을 겪는다. 이럴 때는 감정을 적절히 해소하는 것이 평소보다 더 힘들 수밖에 없다. 그래서 우리는 화를 내며 맞대응하기도 하고, 내가 어떻게 했기에 이런 상황이 된 건지 죄책감을 느낄 때도 있다. 매우 당연한 반응이지만, 이렇게 될 경우 서로를 이해하기란 더욱 힘들어진다. 어떻게 하면 이런 악순환에서 벗어날 수 있을까?

부모는 아이의 감정에 책임이 없다

우리 모두는 각자 자신의 감정에 책임이 있다. 하지만 아직 어린 아이들이 자신의 감정을 책임지기란 매우 어려운 일이다. 감정을 해소하고, 받아들이고, 메시지에 귀 기울이는 것은 생각만큼 쉽지 않아서 많은 연습을 필요로 한다. 그래서 이 감정들은 아이에게나 간혹 부모에게까지 난폭한 방식으로 자신의 모습을 드러내고는 한다. 감정을 길들이는 법을 배우기 위해 아이들은 부모의 도움을 필요로 하는데, 이때 부모는 다음의 사실을 기억해야 한다.

· 아이의 감정은 아이에게 속한 것이다.

· 설령 부모의 어떤 행동이 아이의 감정을 유발했다고 하더라도, 아이는 자신의 배움의 길을 가야 한다.

아이가 여럿 있는 경우 아이들마다 반응하는 방식과 예민한 부분이 있기 마련이다. 그래서 두 아이가 같은 상황에 처할지라도 완전히 다른 반응을 보일 가능성이 높다. 그들의 개인적인 경험과 성격, 내면의 세계는 모두 다르기 때문이다.

아이의 모진 말 때문에 힘든 순간에는, 아이의 고통스러운 감정의 책임자가 내가 아니라는 사실을 기억해야 한다. 아이들이 우리를 비난하는 그 순간에도 말이다.

이유 없이 스스로를 자책해서는 안 된다. 그래야만 아이들을 진정으로 도울 수 있다. 감정에 휩쓸린 아이들의 언행 때문에 부모마저 '내 잘못인가?' 하며 스스로를 의심하는 순간에도 이유 없이 스스로를 자책해서는 안 된다.

다만 이것만은 기억해야 한다. "네가 지금 화난 건 내 책임이 아니야!"라고 직접적으로 말하지 않는 것. 이는 아이의 모진 말에 대처하기 위해 부모가 기억해야 할 메시지이지, 아이에게 분노를 튕겨 보내기 위한 것이 아니기 때문이다.

아이의 언행과 욕구를 혼동하지 말라

아이가 분노하거나 긴장한 상태에서 부모에게 하는 모진 말 뒤에는 종종 다른 현실이 감춰져 있다. 마치 해독기가 있어야만 그들이 하고자 하는 말을 온전히 이해할 수 있기라도 한 것처럼 말이다. 예를 들어, 부모에게 말로 고통을 주는 아이는 어쩌면 자신의 고통을 우리가 알아주기를 바라고 있을지도 모른다. 물론 그렇다고 해서 아이의 폭력성 혹은 욕설까지 받아줘야 한다는 말은 아니다.

하지만 이런 언어와 행동 뒤에 아이의 다른 욕구가 숨어 있음을 부모는 반드시 인식해야 한다. 아이의 행동과 말보다는 아이의 욕구를 통해 이 상황을 받아들이고 이해할 가능성이 훨씬 높기에, 이는 굉장히 중요한 문제이다.

부모 자신을 돌보는 것이 먼저다

비행기를 타면 기내 안전 수칙으로 승무원이 강조하는 말이 있다. "부모가 먼저 산소마스크를 착용한 후에 아이가 착용할 수 있게 도와주세요!" 부모가 먼저 기절하면 아이를 구해줄 사람이 없기 때문이다. 감정 문제도 동일하다. 아이가 분노할 때 부모는 자신의 감정을 먼저 돌봐야 한다. 만약 감정을 돌보지 않고 부모 또한 '폭발'한다면, 우리는 이를 두고두고 후회할 것이다. 분노한 아이는 부모 말을 듣지 않을뿐더러, 부모 역시 분노로 인해 진심이 아닌 모진 말들을 내뱉을 수 있기 때문이다.

아이에게 너무 빨리 반응해서는 안 된다. 반응하기 전에 나 자신에 대해 이해심을 갖고 내 마음속에서 일어나는 감정에 귀 기울이는 시간을 가져야 한다. 물론 이는 쉽지 않은 일이며 많은 연습이 필요하다. 또한 혼자만의 시간을 갖는 것을 주저해서는 안 된다. 감정에 너무 침몰되어 있는 상태라면 잠시 홀로 있는 것이 더 나은 대화를 위한 선택이 될 수 있다.

해독기의 전원을 켜라

단어나 제스처가 아닌, 아이가 가슴으로 하는 말을 듣기 위해 노력해야 한다. 아이가 소리를 지르고, 발을 탕탕 치고, 문을 쾅 닫는가? 우리를 향한 것처럼 보이는 아이의 분노 뒤에 어떤 감정이 느껴지는가? 아이는 실제로 어떤 욕구(욕구는 항상 긍정적이다)를 충족시키려 하고 있는가?

· 좌절감인가? 욕구 발산이 필요했나? ⇒ 아이는 친구와 나가서 놀 생각에 즐거웠는데, 방금 우리가 안 된다고 했다.

· 무기력과 낙담인가? 자신의 능력에 대한 믿음이 필요했나? ⇒ 아이가 시험에서 나쁜 점수를 받았다고 방금 말했다.

· 허술하다고 느끼는가? 부모의 이해와 지지가 필요했나? ⇒ 우리는 아이에게 수학 시험 준비를 제대로 하지 않았다고 비난했다.

우리는 우리가 추측한 아이의 감정과 욕구를 단지 '머릿속으로' 느끼는 데 만족할 수도 있고, 아이가 대화에 동의한다면 아이에게 되풀이해 전할 수도 있다. 이런 대화를 통해 부모는 자신이 맞게 이해했는지 아이에게 직접 확인할 수 있고, 아이는 자신에게 중요한 게 무엇인지를 다른 말로 표현해볼 수 있다. 반면 아이가 대화할 준비가 되지 않았다면, 우리는 해독기 전원을 켠 데에 만족해야 한다.

물론 어려운 일이다. 자신을 상처 입히는 말 뒤에 숨은 메시지를 듣는 것은 쉽지 않다. 부모 역시 한계가 있는 사람이다. 그러니 더 이상 견디기 힘들다거나, 가족의 규칙(예의, 존중 등)이 지켜지지 않는다고 느끼면, 폭발하기 전에 상황을 종료해야 한다. 부모와 아이 모두 폭발해서는 안 된다.

"지금은 잠시 따로 있는 게 좋을 것 같아. 충분히 진정하고 난 후에, 너랑 여기에 대해 다시 이야기하고 싶어."

아이와 함께 원칙을 되짚어라

진정을 되찾은 후에는 무엇이 문제였는지 이해하기 위한 대화가 필요하다.

우선 기존에 합의한 가족 규칙을 함께 읽어보며 이를 재정립하는 게 좋다. 사용해서는 안 되는 단어나 톤, 문 쾅 닫지 않기 등 아이와 함께 정한 규칙의 의미를 다시 한번 알려주는 것이 바람직하다. 물론 누군가 위험에 빠져 당장 개입이 필요한 경우를 제외하고 말이다. 분쟁의 순간에는 아이가 자신의 감정에만 치우쳐 있기에 우리가 하는 말을 제대로 듣지 못할 가능성이 높다.

아이가 모진 언행을 하는 순간에도 부모는 자신을 돌보며 아이에게 모범이 되어야 한다. 모범을 보이는 것뿐만 아니라, 아이 스스로 감정을 해소하고 재충전할 수 있도록 도와주어야 한다. 이는 생각보다 어렵지 않다. 아이가 자신의 분노와 잠시 떨어져, '지금 너무 힘든데 무엇을 하면 나아질까?' 생각하며 그것을 할 수 있도록 도와주면 된다. 걷거나 자거나 좋아하는 영화를 보거나 책을 읽는 등 분노를 식히고 재충전할 시간을 제공해주는 것이다.

또한 부모는 아이 스스로 자신의 언행이 '이성'을 넘어선다고 느낄 때 활용할 수 있는 팁을 알려줄 수 있다. 예를 들어 자신에게 공감하고, 타인에게 공감하는 대화를 연습해보면 좋다. 자신이 무엇 때문에 얼마나 힘든지를 설명하는 말을 해보고, 상대는 어떠한 이유에서 그랬을지, 지금 마음은 어떨지를 생각하며 말로 표현해보는 것이다. 연습을 통해 익숙해지면 갈등 상황에서도 나와 남을 생각하는 일이 가능해진다. 이러한 연습을 통해 아이의 삶이 한층 더 지혜로워질 수 있다.

가슴으로 하는 말을 들어라

말과는 다른 무언가가 느껴질 것이니!

핵심포인트

- 아이가 하는 어떤 말과 행동은 부모에게 굉장히 고통스러울 수 있다.
- 아이가 강렬한 감정에서 하는 말 대부분은 진짜 하려던 말이 아니다.
- 아이의 모진 말 뒤에는 종종 다른 현실(고통스러운 감정, 충족되지 못한 욕구)이 감춰져 있으며, 부모는 아이의 이러한 현실을 이해하는 법을 배울 수 있다.
- 아이의 모진 말 뒤에 숨은 의미를 찾겠다고 해서, 모든 걸 다 받아들여서는 안 된다(욕설, 상대를 존중하지 않는 것 등).

이렇게 해보자!

산소마스크를 쓰자

· 어떤 상황이 나의 강렬한 감정을 촉발한다면, 아이의 말을 듣기 전에 먼저 내 감정을 돌본다.
· 지금 보고 듣는 게 나의 한계를 넘어섰다면, 상황을 정지하거나 기다린다.

해독기를 작동하라

· 아이의 말과 행동보다는 마음을 듣는다.
· 내가 느끼는 아이의 감정과 욕구를 마음속으로 해석한다.
· 추측을 마친 후 아이에게 대화를 제안한다(너는 ~한다고 느끼니?, 너는 ~가 필요하니?).

아이와 함께하는 비폭력대화

· 위기가 지난 후 다시 침착하게 대화를 시작한다.
· 아이가 대화할 준비가 되었을 때 가족 규칙을 환기하는 것이 효과적이다.

다양한 시각

왜 필요할까?

· 맞거나 틀린 게 아닌, 서로 다른 시각의 문제라는 점을 설명하기 위해서
· 아이들 간의 싸움을 중재하기 위해서

언제 하면 좋을까?

· '누구는 맞고 누구는 틀렸다'고 생각하는 분쟁이나 말다툼 후에
· 아이가 이성적으로 생각할 수 있을 만큼 충분히 진정되었을 때

어떻게 하면 좋을까?

다음의 준비물을 가지고 아이와 대화할 수 있다.

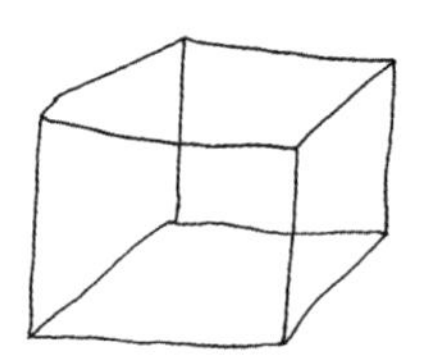
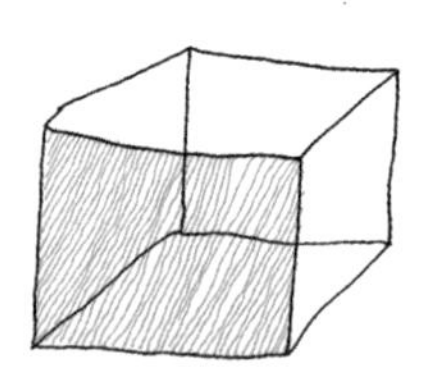
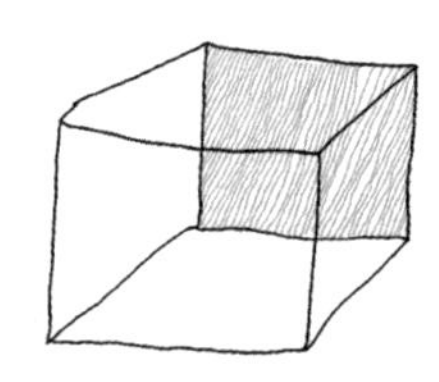

· **큐브**: 아이에게 큐브를 보여주며 물어본다. "여기에서 뭐가 보이니?" 그러면 아이는 답할 것이다. "큐브요." 그러면 다시 이렇게 말한다. "가장 가까운 큐브의 면을 보여줘. 큐브의 앞면 말이야." 그러면 아이는 자신이 '앞'이라고 생각하는 한 면을 보여줄 것이다. 그때 우리는 아이에게 이렇게 말할 수 있다. "내가 이 큐브를 보면, 다른 면이 앞에 있는 걸로 보여. 왜냐면 두 가지 방식으로 이 큐브를

볼 수 있기 때문이야. 우리는 같은 큐브를 서로 다르게 보고 있어. 그렇다고 해서 우리 둘 중 누가 틀린 건 아니야. 이건 맞고 틀리고의 문제가 아니기 때문이야." 우리는 이러한 방식으로 아이에게 문제가 되었던 상황과 큐브를 연관 지어 설명할 수 있다. 상황과 각자의 의견 차이를 적은 종이를 큐브에 붙여 이해하는 것도 좋은 방법이다. 모두가 알겠지만 꼭 큐브를 사용하지 않아도 된다. 여러 면을 가지고 있는 물건이라면 그 무엇도 상관없다.

· **숫자 6과 9**: 숫자 6 또는 9가 적힌 그림을 놓고 아이에게 물어본다. "이 그림에서 무엇을 이해할 수 있어?" 우리는 이 그림을 통해 아이에게 두 가지를 알려줄 수 있다. 두 사람이 같은 것을 보면서도 위치에 따라 다르게 볼 수 있다는 것, 그렇다고 해서 누구는 맞고, 누구는 틀리다고 할 수도 없다는 것. 같은 상황이라고 해도 우리는 이처럼 다르게 볼 수 있다.

Q1. 최근에 아이 때문에 고통스러웠던 기억이 있는가? 아이의 어떤 말과 행동 때문이었는가?

Q2. 그때 나는 어떻게 행동했고, 어떤 일이 일어났는가?

Q3. 지금이라도 침착하게 '해독기'의 전원을 켜면, 아이의 말 뒤에 감춰진 것이 보이는가? 무엇인가?

Q4. 아이와 있을 때 언제나 즉각적이고 강렬한 반응이 튀어나오는 특정 상황이 있는가?

Q5. 가족 간에 대화할 때 지켜야 하는 사항을 구성원 모두가 공유하고 있는가(욕하지 않기, 심한 말 하지 않기 등)? 모두가 알고 있다고 확신하는 근거는 무엇인가?

12
감사와 기쁨 표현하기

삶을 긍정적으로 보는 법도
배움이 필요하다

물이 반쯤 차 있는 컵이 있다. 이 컵을 보고 반이 비었다고 보지 않고 반이나 찼다고 보는 것은 우리 중 일부가 태어날 때부터 지니고 있는 재능이자 행운이다. 하지만 이러한 재능이 없을지라도 꾸준히 노력한다면 시간이 지나 점차 얻어지기도 한다. 삶을 긍정적으로 보는 법은 배울 수 있고, 아이들에게도 가르쳐줄 수 있는 행운이다. 삶을 긍정적으로 살고 이를 감사로 다른 이에게 표현할 수 있다면 우리의 대화는 한층 더 즐거워질 것이다. 하지만 감사와 기쁨을 표현하는 데에도 방법이 있다. 이를 지금부터 배워보자.

작은 것에 기뻐하자

어른으로서 우리의 삶은 늘 장밋빛이지 않다. 매일 아침 기쁨으로 눈뜨지 않으며, 모닝커피와 함께 착륙하는 세상의 온갖 소식은 비극과 불행을 동시에 알리며 우리 머리 위에 회색 구름을 띄운다. 그러니 모든 게 좋을 수 없는 현실을 부정하지 말고, 일상 속에서 행복을 찾는 법을 배우자. 가장 어두운 날에도 우리는 소소한 기쁨과 희망을 찾을 수 있고, 미소 지을 이유를 발견할 수 있다.

일상은 실현 가능한 작은 행복들로 가득 차 있으며, 이 행복들이 한데 모여 하루의 색깔을 결정한다. 이는 부모뿐만 아니라 아이들에게도 해당되는 사항이다. 일상을 긍정적으로 보는 습관이 없다면, 긍정적인 시각을 키우는 법을 배워야 한다. 내가 지금 서 있는 곳에서, 하던 일을 멈추고 때때로 이렇게 질문을 던져보자. "지금 여기서 아주 작더라도 나에게 기쁨을 줄 수 있는 무언가가 있는가?"

아래와 같은 아주 사소한 것들도 기쁨의 원천이 될 수 있다.

· 햇살이 나의 사무실을 환하게 비추고 있다.
· 동료가 사무실에서 커피를 내렸더니 좋은 냄새가 난다.
· 아이가 나에게 미소 짓는다.
· 좋아하는 노래를 듣고 있다.

이런 소소한 기쁨을 음미하는 시간은 중요하다. 이런 기쁨들은 대부분 우리를 아주 잠깐 스치며, 바로 다음 순간들로 재빨리 대체되기 쉽다. 그렇게 때문에 잠시 스치는 순간들을 제대로 음미하기 위한 시간을 의식적으로 가지면, 우리는 더욱 행복해질 수 있다.

이제 세상에 눈뜨는 어린아이들과는 좀 더 자발적으로, 좀 더 의식적으로 시도해보자. "지붕 위에 구름 뜬 거 봤어? 구름 색깔도 봤어? 분홍색이고 오렌지색이야. 너무 아름답지 않아? 봐봐!" 물론 어른들과도 이런 식으로 대화할 수 있다. 이런 단순한 기쁨의 순간은 어른들에게도 매우 소중하다.

자연을 감상하는 것은(도시에도 하늘과 새는 늘 있다) 우리에게 작지만 수많은 행복을 가져다주며, 아이들 또한 이런 행복에 매우 풍성하게 반응할 수 있다. 하늘에 뜬 무지개를 보는 것만으로도 행복했던 경험이 우리 모두에게 있을 것이다. 햇볕을 쬐는 즐거움, 물웅덩이에 반사된 햇살의 아름다움에 기뻐하는 법을 아이들에게 가르쳐주는 것이 필요하다. 이는 아이들의 삶에 있어 매우 값진 일이다.

가족이 함께 기쁨을 공유하라

작은 기쁨을 음미하는 습관을 갖게 되면, 이 기쁨을 아이에게 큰 소리로 공유하는 것이 좋다.

의도하지 않더라도 아이들은 종종 어른들의 불평불만을 듣는다. 직장에서 힘들었던 일, 끝이 없는 교통 체증, 쓰지 못한 휴가, 늘 부족한 시간…. 이런 말을 계속 듣고 있으면, 아이들은 '문제가 있는 쪽부터 보는 법'을 배우게 된다. 물론 이것도 매우 유용하다. 우리에게 맞지 않는 무언가를 변화시키기 위해서는 말이다. 직장을 옮기고, 사는 도시를 바꾸는 등 다른 선택을 하는 데에는 도움이 되는 관점일 수 있다. 하지만 부모의 기쁨과 즐거움 또한 아이들에게 듬뿍 표현하면서 아이들이 균형 잡힌 삶의 비전을 가질 수 있도록 노력해야 한다.

가장 쉬운 방법은 그날 하루에 대해 이야기하는 시간을 저녁 식사 때 갖는 것이다. 각자가 좋았던 순간과 좋지 않았던 순간들에 대해 자유롭게 말할 수 있다.

아이가 좋지 않았던 순간에 대해서만 말할 때는, 그날 겪었던 기쁨과 즐거움의 순간들에 대해서도 생각해보자고 제안하는 것이 좋다. 그 순간이 아무리 짧거나 아무리 소소할지라도 말이다. 아이가 떠올리기 어려워하면, 오늘 하루 아이와 함께 즐거웠던 일에 대해서 부모가 먼저 언급해볼 수도 있다.

감사와 칭찬에서 판단은 빼라

가족끼리 서로에게 고마움을 표시하는 것은 우리의 삶을 아름답게 해줄뿐더러 관계를 가꾸는 데 매우 좋은 방식이다. 하지만 일상의 언어는 양날의 칼이다. 그렇기에 감사와 칭찬도 주의해서 말해야 한다.

우리는 아래와 같은 감사와 칭찬을 자주 할 것이다.

- "고마워, 식탁을 정리해주다니! 너는 정말 착하구나."
- "동생이 방 정리하는 것을 도와준 네가 참 사랑스러워."
- "축구 경기에서 또 이겼어! 브라보! 너희는 정말 강해!"

물론 우리는 아이들에게 이렇게 말하지는 않을 것이다.

- "식탁을 정리하지 않았다고? 너는 착한 딸이 아니야."
- "동생이 방 정리하는 것을 돕지 않았다고? 나는 너를 사랑하지 않아."
- "축구 경기에서 졌다고? 너희는 형편없구나!"

물론 이렇게 문장을 바꿔보는 것은 매우 과장스럽다. 하지만 이는 '판단'의 형태를 띤 감사 혹은 칭찬의 뒷면을 사실적으로 보여준다. 네가 한 어떤 일에 대해 감사하는데, 그렇기 때문에 네가 착하거나, 강하거나, 재능이 있거나, 관대하거나, 영리하거나, 아름답다는 등의 판단을 우리는 일상에서 자주 한다.

이렇게 되면 아이는 부모가 바라는 행동이나 부모에게 기쁨을 주는 행동을 하지 않으면, 무의식중에 자신이 덜 착하고, 덜 사랑스럽고, 덜 강하고, 덜 영리하다는 결론을 내릴 수 있다. 혹은 부모가 바라는 행동을 할 때에만, 자신이 그런 사람이라는 결론을 내릴 수도 있다.

하지만 어떤 행동 자체가 개인이 될 수는 없다. 물론 아이에게 행동의 의미와 결과에 대해 가르치며, 부모는 성인으로서 최대한 생각과 일치된 행동을 하는 게 좋다. 하지만 아이들은 성장하고 있으며 자신의 세계를 구축하는 중이다. 자신의 개성을 발전시키고, 세상에 대한 답과 한계를 찾아가며 삶을 경험하고 있지만, 행동이나 이성을 감정과 일치시키는 데 필요한 성숙함은 아직 지니고 있지 않다. 그러므로 아이에게 '꼬리표'를 붙이지 않도록 주의해야 한다. 칭찬과 감사도 '양날의 검'이 될 수 있다.

그렇다면 감사를 어떻게 표현하면 좋을까?

· 구체적인 행위에 대해 고맙다고 한다.
· 아이의 행동이 나의 욕구에 어떤 영향을 미쳤는지 말한다.
· 내가 지금 어떻게 느끼는지를 말한다.
· '너는 ~이다'라고 단정하는 표현은 피한다.

예를 들면 다음과 같다.

· "식탁 정리해줘서 고마워. 도움이 필요했는데, 부담을 덜었어."
· "동생에게 방 치우고 책 정리하는 법을 알려주고 도와줘서 고마워. 너희가 이걸 다 할 수 있다는 것에 감탄했어. 기뻐!"
· "브라보! 너희는 축구 경기에서 이겼어. 너희가 경기하는 모습과 집중해서 패스하는 것을 보며 너무 좋았어. 너희와 함께 가슴 떨리는 최고의 순간을 보냈어!" (축구 경기에서 졌더라도 똑같이 말할 수 있다)

우리가 느낀 감정의 진정성이 감사와 칭찬의 가치를 결정한다. 또한 결과만 가지고 스스로를 판단하지 않는 법 역시 아이는 배울 수 있을 것이다.

반대로 아이가 부모에게 감사나 칭찬의 말을 했을 때, 우리의 행동 중 무엇이 아이의 삶을 아름답게 만들었는지, 어떻게 그렇게 될 수 있었는지도 자세히 물어봐야 한다.

긍정의 기운을 확산하라

아주 작은 것에도 즐거움을 느낄 수 있다

핵심포인트

· 삶을 긍정적으로 보는 것은 타고난 재능일 수도 있지만 연습의 결과가 될 수도 있다.

· 기쁨을 공유하는 건 서로에게 전염된다.

· 일상의 가장 소소한 것에서도 미소 지을 수 있다.

· 좋은 일을 인식하는 것은, 일상에 더 집중할 수 있는 힘을 준다.

· 판단을 포함한 칭찬이나 감사는 그 반대 역시 가정하는 '양날의 검'이다.

이렇게 해보자!

작은 행복을 즐기는 법을 배워라

· 지금 이 순간 즐거운 게 무엇인지 생각하는 시간을 규칙적으로 갖는다.
· 작더라도 즐겁고 행복했던 일에 대해 가족과 함께 나눈다.

판단하지 않고, 진심을 전하라

· '너는 ~이다'라는 식의 표현은 피한다.
· 상대의 구체적인 행위에 대해 감사를 표하고, 이 행위가 나의 삶을 어떻게 아름답게 했는지, 그 덕분에 지금 내가 어떻게 느끼는지를 설명한다.

아이와 함께하는 비폭력대화

· 아이와 함께 시간을 보낼 때 길에서 마주치는 작은 것들(햇살, 꽃 등)에 감탄하는 시간을 갖는다.
· 아이에게 감사나 칭찬의 말을 듣게 되면, 고맙다고만 하지 말고 자세히 묻는다("너의 행복에 내가 어떻게 기여했어?" "너는 지금 어떤 기분이야?").

웃음 놀이

왜 필요할까?

- 우리의 행복과 에너지를 위해서
- 웃음은 육체와 정신 모두에 유익하며, 일상의 어려움을 헤쳐나갈 수 있도록 도와주기에
- 가족과 재충전의 시간을 보내기 위해서

언제 하면 좋을까?

- 하루의 모든 순간에(숙면을 위해 자기 전에는 하지 않는 게 좋다)

어떻게 하면 좋을까?

10분 동안 여러 방법으로 '웃음 시간'을 갖는다. 예를 들어 다음과 같이 할 수 있다.

- **원 만들기**: 손을 잡고 원을 만든다. 원 중앙에 모였을 땐 조용히 웃다가, 원을 키워가면서 점점 더 크게 웃는다. 이를 몇 차례 반복한다. 웃는 규칙을 변경해가며 새로운 동작을 만들어도 좋다.
- **동물 웃음소리**: 동물 카드를 여러 개 만들고, 차례대로 하나씩 뽑는다. 자신이 뽑은 동물의 웃음소리를 상상하며 선창하고, 다른 사람들은 이를 모두 따라 한다. 닭, 말, 개, 곰, 호랑이 등 어떤 동물도 다 괜찮다.
- **잔디 깎기 기계**: 각자가 잔디 깎기 기계라고 상상한다. "시작!" 소리에 맞춰 방 여기저기를 다니며 기계 소리를 따라 하고 함께 웃는다.
- **마녀 웃음소리**: 마녀의 웃음소리는 어떨지 상상하며 다 함께 마녀처럼 웃는다.

우스꽝스러운 분장을 하면 더 많이 웃을 수 있다.

이 외에도 '웃음요가'라고 하여 요가의 호흡, 명상이 웃음과 결합된 운동법이 있다. 1995년 인도에서 시작되어 그 방법만 100여 개가 넘는다. 일상에서 아이들과 함께 웃음을 연습할 수 있는 수많은 방법이 있으니, 관련된 책을 찾아봐도 좋고, 유튜브에 웃음요가Laughter Yoga를 검색하여 재미있어 보이는 것을 따라 해보는 것도 좋다.

소소한 행복노트

왜 필요할까?

· 기쁨과 감사를 더 잘 표현하기 위해서
· 재충전을 위해서

언제 하면 좋을까?

· 하루 중 조용한 순간(잠들기 전이 가장 좋다)

어떻게 하면 좋을까?

가족 모두 '소소한 행복노트'를 만든다. 문구점에 가서 이 노트를 고르는 것만으로도 아이와 부모 모두에게 소소한 행복이 될 수 있다.
매일 저녁, 노트에 날짜를 적고 오늘 하루를 떠올리며 감사했던 일이나 기뻤던 일 세 가지를 적는다. 글씨를 쓸 수 없는 어린아이들은 그림으로 행복을 표현해도 좋다.
잠들기 전에 가족이 함께 모여 소소한 행복노트에 쓴 행복을 공유한다.

다음은 소소한 행복노트에 쓸 수 있는 것들이다. 단순하고 작은 행복이 모이면 삶이 훨씬 더 행복해질 수 있다.

· 오랜만에 만난 친구와 함께 즐겁게 놀았다.
· 텔레비전을 보다가 폭소가 터졌다.
· 점심 급식으로 프렌치프라이가 나왔다.
· 무지개를 봤다.

· 시험에서 좋은 성적을 받았다.
· 마음에 쏙 드는 책을 읽기 시작했다.
· 친구가 수학 문제 푸는 걸 도와줬다.
· 국어 수업이 너무 지루했는데 끝나는 종이 울렸다.

여기에서 그치지 않고 한 발자국 더 나아갈 수 있다. 소소한 행복노트를 쓰며 고마운 마음이 생긴 상대에게 이를 표현하는 것이다. 가족 중에 있다면 지금 당장 고맙다고 할 수 있고, 학교나 회사에 있는 사람이라면 다음 날 해도 좋다. 감사를 말로 표현하며 끝내도 좋지만, 편지까지 쓰면 더 유익한 활동이 될 수 있다.

감사가 가득한 상자

왜 필요할까?

· 서로에게 감사하며, 감사하는 법을 배우기 위해서
· 우리에게 행복을 주는 것들을 모으고 공유하기 위해서

언제 하면 좋을까?

· 하루 중 언제나
· 가족이 함께하는 순간이나 가족회의 전

어떻게 하면 좋을까?

거실에 크고 아름다운 상자를 둔다. 각자가 적어도 하루에 하나씩 '감사한 일'을 종이에 적는다. 이 종이에는 다음과 같은 것들을 적을 수 있다.

· 무엇에 감사하는지
· 감사한 일에서 무엇을 느꼈는지
· 감사한 일 덕분에 충족된 욕구는 무엇인지

어린아이들은 글 대신 그림을 그릴 수 있다. 다 적으면 종이를 상자에 넣는다.

가족이 모여 있을 때, 가령 가족회의를 하기 전, 상자에서 종이 하나씩을 꺼내 다른 이들에게 읽어주며 감사에서 비롯된 고마움과 긍정의 에너지를 공유한다.

대부분 사람에게 감사를 전하겠지만, 꼭 그래야만 하는 것은 아니다. 예를 들면 이

런 감사도 할 수 있다. "가을아, 와줘서 고마워! 시시때때로 색이 변하는 나무의 아름다움에 감사함을 느껴! 나는 정말 기쁘고 행복해! 자연의 아름다움과 함께하는 게 정말 좋아!"

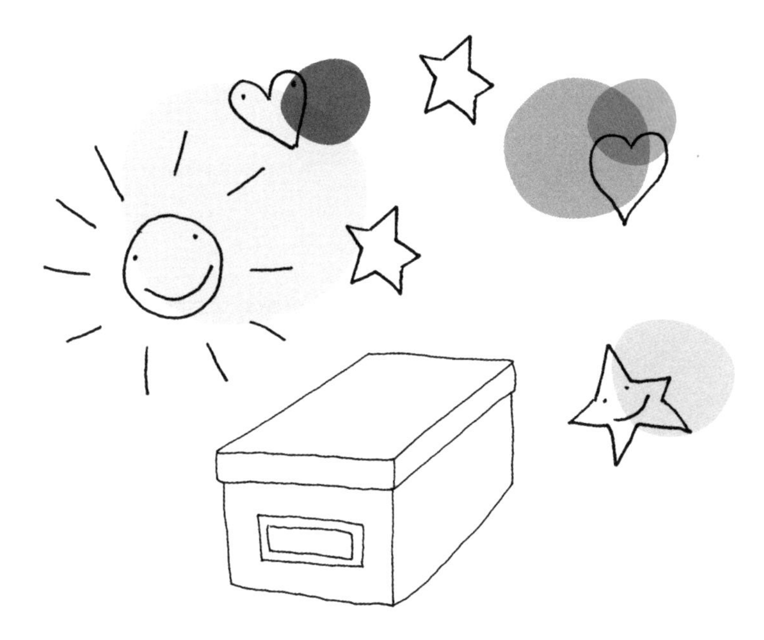

Q1. 어제 하루 나에게 있었던 작은 기쁨의 순간들을 일기 형식으로 적어보자. 최대한 구체적으로 명확하게 적자.

Q2. 가족에게 가장 최근에 이야기한 나의 '소소한 행복'은 무엇인가?

Q3. 아이가 나에게 가장 최근에 이야기한 '소소한 행복'은 무엇인가?

Q4. 가장 최근에 아이에게 감사한 일이 있었는가? 혹은 아이를 축하할 일이 있었는가? 아이의 어떤 행동이, 어떻게 나의 삶을 아름답게 했는가? 아이에게 고마움을 어떻게 표현했는가?

13

재충전하는 법 배우기

재충전 방식은 모두가 다르다

정신적·육체적 에너지가 소진된 상태에서는 아이와 나의 감정을 관리하기가 어렵고, 받아들이기도 쉽지 않다. 분노 뒤에 숨은 감정을 보기란 더욱 힘든 일이다.

우리는 늘 세상과 연결되어 있으며, 세상은 우리에게 항상 즉각적인 반응을 요구한다. 그래서 많은 이들은 자신의 내면과 소통하기보다는, 우리를 둘러싼 세상의 정보를 얻기 위해 텔레비전을 보거나 SNS를 하며 더 많은 시간을 보낸다. 피곤한 일상(대중교통을 이용하는 일, 교통 체증으로 시간을 지체하는 일, 스트레스 받는 일)은 반복되며, 이러한 일상은 우리에게 그저 '존재'하기보다 무언가를 계속 '하라고' 강요하며 우리를 밖으로 끌어당긴다.

당연하게도 이런 빠른 리듬은 우리 내부의 자원을 소모시킨다. 이에 주의하지 않고 아이까지 이 리듬 속으로 끌어들인다면, 아이의 자원 역시 소모될 것이다.

모두의 경험처럼, 배터리가 방전된 상태에서는 감정을 적절히 해소하면서 누군가를 배려하고 존중하는 일이 더욱 어려워진다. 피곤한 상태에서 나의 감정을 살피는 일이 가능한가? 머리 아픈 일들이 가득한 상황에서 아이를 배려하며 대화하는 것이 가능한가? 부모는 초인이 아니다. 절대 그렇게 할 수 없다. 비폭력대화를 연습한 사람도 마찬가지다. 그러니 우리에게는 '쉼'이 필요하다. 가족 구성원 모두의 삶을 위해 재충전할 수 있는 몇 가지 방법을 알아보자.

욕구는 같지만, 전략은 다를 수 있다

우리는 우리 자신을 돌봐야 한다. 그러므로 모두에게는 재충전을 위한 시간과 활동이 필요하다. 물론 보편적인 방법은 존재하지 않는다. 각자 자신만의 방법이 있을 것이고, 나와 나의 자녀, 배우자 그리고 내 친구들의 방법은 모두 다 다를 수 있다.

'성격'과 '선호경향'을 알아보는 데 오래전부터 사용되고 있는 MBTI 지표Myers-Briggs Type Indicator, 네 가지 선호경향으로 구성된 심리검사로 개인이 세계 및 타인과 맺는 관계를 설명를 예로 들어보자. 이 지표를 구성하는 차원 중 하나는 '우리는 무엇에서 에너지를 얻고, 에너지를 어디로 향하게 하는 것을 선호하는가'이다. 어떤 사람들은 자신의 내면세계와 접촉하며 에너지를 얻기 때문에 혼자 조용히 있는 것을 선호할 수 있다. 반면 어떤 이들은 자신의 에너지를 끌어올리기 위해 외부와의 접촉(외출하거나 사람들을 만나는 것)을 선호한다. 이렇듯 에너지를 채우는 방식은 사람마다 다 다르기 때문에, 나는 음악과 소음이 넘치고 사람들로 북적거리는 생일 파티에서 재충전한다고 느낄 수 있지만, 내 바로 옆에 있는 배우자는 보고 싶은 사람을 만나 기쁘기는 하지만 자신의 에너지가 방전된다고 느낄 수 있다.

우리에게는 모두 재충전이 필요하지만, 반드시 같은 방식으로 충전할 수는 없다. 그러므로 각자 '자신만의 충전 방법'을 찾을 필요가 있다.

몸을 건강하게 유지하라

가정에서 맞닥트릴 수 있는 예기치 못한 태풍에 맞서기 위해서는, 우리의 힘이 전부 소진되지 않고 남아 있어야 한다. 모두가 알겠지만 잠이 부족할 때면 감정이 우리를 훨씬 더 빠르고 강력하게 침범하며, 이때 우리는 감정 해소에 더 큰 어려움을 겪는다.

육체를 관리하는 것(충분한 수면, 균형 잡힌 식사, 규칙적인 운동)은 나의 행복을 위해서만 중요한 게 아니다. 다른 이들과 균형을 이루며 건강한 방법으로 관계를 유지할 수 있도록 도와주기에 더욱 소중하다. 건강한 육체를 통해 우리는 감정을 잘 받아들일 수 있게 되고, 어떤 문제가 발생할 경우 다른 사람에게 '폭발'하는 일도 피할 수 있게 된다.

물론 아프거나 허약하다고 해서(일시적으로나 장기적으로), 관계를 잘 가꾸지 못한다는 의미는 아니다. 육체와 마음을 돌보는 일은 각자의 수준과 가능성에 맞게 하면 된다. 무리하거나 자책할 필요는 없다. 내 몸에 무엇이 좋은지 신경 쓰는 것만으로도 당신은 이미 재충전을 시작한 것과 다름없다.

호흡하라

호흡은 우리 육체와 정신을 연결하는 즉각적이면서도 영구적인 수단이다. 어떤 감정에 휩쓸려 정서적으로 불안정하다고 느껴지면, 호흡에 집중하고 이를 가만히 관찰해야 한다. 명상법 중 하나인 소프롤로지나 요가 등을 통해서도 육체와 소통하는 법을 배울 수 있고, 일상에서 단순히 호흡에 집중하는 것만으로도 충분히 육체와 소통이 가능하다.

억지로 하려고 하지 않아도 호흡은 자연스럽게 이루어지지만, 일상에서 우리의 호흡은 종종 짧고, 잦고, 빠르다. 그러므로 의식하면서 깊게 호흡하자. 이는 우리에게 힘을 준다. 몇몇 호흡의 기술들은 우리가 일상에서 지치지 않게 도움을 준다. 다음과 같이 호흡해보자.

· 숨으로 아랫배를 빵빵하게 채웠다가 천천히 내쉬기를 반복한다.
· 손가락으로 한쪽 콧구멍을 가볍게 막고, 반대쪽 콧구멍으로 숨을 천천

히 마신다. 순서를 바꿔가며 반복한다.

· 페트병을 입에 물고 병이 쪼그라들도록 최대한 숨을 마신 후 다시 그만큼 길게 내뱉는다. 이때 한 손은 배에 올려두고 움직임을 느낀다(숨을 마실 때 어깨가 올라가지 않도록 주의한다).

호흡과 같이 일상에서 접근하기 쉬운 단순한 자원들을 소홀히 해서는 안 된다.

자세를 의식하라

사전적 정의에 의하면 '자세'는 '어떤 동작이나 행동을 할 때의 몸의 모양'이다. 정의는 '몸'을 기반으로 하고 있지만, 사회적으로나 정서적으로 어떤 '행동의 모양'을 지칭할 때도 자세라는 단어를 자주 사용한다. 손짓, 몸짓, 눈 깜빡이기와 같은 비언어적 의사소통, 즉 '신체적 언어'는 오늘날 널리 알려진 개념이며, 자세와 감정 사이에 실질적 연관 관계가 있음은 이미 밝혀진 사실이다.

자세와 얼굴 표정이 우리 컨디션과 정서에 미치는 영향은 이미 많은 과학 연구들이 증명하고 있다. 슬프거나 낙담할 때 우리는 자신도 모르게 등을 구부리고 입꼬리를 아래로 내린다. 마찬가지로 구부러

진 자세와 심각한 표정은 우리가 지쳐 있다는 느낌을 강화시켜준다.

자세를 똑바로 하고, 시선을 앞에 두며, 심지어 미소 짓는 것까지 우리는 의식적으로 선택할 수 있다. 물론 자세를 바꾼다고 하여 일상의 어려움이 없어지거나 당장 해결되지는 않을 것이다. 또한 자세를 바꾸는 것으로 고통스러운 감정을 무시하고 넘어가서는 안 된다. 하지만 자세를 인식하는 것으로 우리는 에너지를 보존할 수 있으며, 자신의 반응을 선택할 자유를 얻게 된다.

내면을 돌보라

우리 모두는 '생산적'이지 않은 열정과 취미를 갖고 있다. 독서가 되었든, 영화, 그림, 도자기 공예, 제빵, 산책, 공연이 되었든…. 하지만 이것들 모두는 우리의 소중한 열정이다. 그러니 이 활동들을 우리의 가장 마지막 스케줄로 미루지 말자. 이런 활동들은 평소의 긴장 리듬에서 벗어나 지금 이 순간을 온전히 살 수 있게 도와주며, 다른 것들을 할 수 있는 힘을 주고, 방전된 배터리를 재충전해준다. 일상의 여러 의무를 수행하느라 무엇이 우리를 행복하게 하는지 잊었는가? 그렇다면 내면의 양식이 되는 작은 기쁨을 되찾기 위해 노력해야 한다. 지금도 늦지 않았다.

아이들에게도 다양한 경험을 선물해주자. 어떤 활동이 자신의 재충전에 도움이 되는지 많은 경험을 통해 찾을 수 있도록 도와주자. 잘 만난 열정과 취미가 아이의 평생 친구가 되어줄 것이다.

명상의 혜택

명상에 대한 연구는 점점 늘어나고 있으며, 이 연구들은 육체와 정신을 결합시키는 명상의 긍정적인 효과를 증명해주고 있다. 비슷한 맥락의 '마음 챙김'에도 점점 더 많은 사람들이 관심을 갖고 있으며, 특히 서구 세계에서는 아이의 집중을 돕거나 과로하는 직장인의 스트레스를 줄이는 방법으로 마음 챙김을 좀 더 적극적으로 활용하고 있다.

이런 활동을 통해 우리는 이번 주에 '해야 할 일 리스트'를 계속 생각하거나, 오늘 있었던 불쾌한 일을 곱씹기보다 지금 이 순간을 온전히 살 수 있게 된다. 우리의 관심이 매 순간 휴대폰 화면이나 지하철 광고, 집이나 직장 컴퓨터에 쏠려 있다면, 명상을 하자.

명상은 우리의 일상과 동떨어진 것처럼 느껴지지만 생각보다 어렵지 않다. 유튜브나 휴대폰 앱에서 '명상'을 검색하는 것만으로도 우리는 아주 쉽게 명상을 접하고, 또 실천할 수 있다. 이 간단함에 비해 명상이 주는 혜택은 무궁무진하다. 우리는 명상을 함으로써 나 자신과 주변 사람들을 돌볼 수 있는 정신적 여유를 되찾고 고요 속에 머물 수 있다. 이는 우리 아이들에게도 마찬가지다.

혼자서, 둘이서, 가족 다 함께 재충전하기

자신에게 적합한 방법으로 혼자 재충전하는 것도 필요하지만, '함께' 재충전하며 사랑하는 사람들과 시간을 보내는 것 또한 필요하다.

친구 관계를 생각해보자. 당신은 아마 같은 취미를 공유하는 친구와 더 오래, 더 가깝게 잘 지내고 있을 것이다. 등산, 요리하기, 책 읽기 등…. 당신은 그 친구와 즐거움의 순간을 공유하며 함께 나누고 싶은 대화도 더욱 많아질 것이다. 가끔 만나는 친구보다 매일 만나는 친구와 더 할 이야기가 많다.

재충전도 마찬가지다. 몸과 마음이 기분 좋게 편안한 순간, 우리는 더 가까워질 수 있다. 마음을 열고 서로를 더 잘 돌볼 수 있게 된다. 그러니 부부끼리, 가족 다 함께 그리고 아이들 한 명 한 명과 따로 시간을 보내는 것을 잊지 말고 정원을 가꾸듯 우리의 관계를 꾸준히 가꾸어야 한다. 신뢰를 기반으로 잘 가꾸어진 관계 역시 서로를 존중하고 배려하는 데 필요한 자원이자 힘이 될 수 있다.

우리는 매 순간 조그마한 행복의 샘을 파고 있는 것이다. 이러한 샘물이 모이고 모이면 우리의 에너지는 절대 고갈되지 않을 것이다. 여유 속에서 내 감정을 읽을 수 있고, 내 아이의 감정도 살필 수 있다. 미소를 짓는 일부터 아주 큰 웃음소리를 내는 일까지, 그 모든 것을 소홀히 여겨서는 안 된다. 그 모든 것의 소중함을 깨닫고, 벅찬 감사를 느끼며 그 순간을 온전히 느낄 수 있다면, 우리는 따로 시간을 내지 않아도 모든 순간 속에서 재충전하며 에너지를 얻을 수 있을 것이다.

우리의 에너지를 돌보자

에너지는 배려와 존중의 원료다

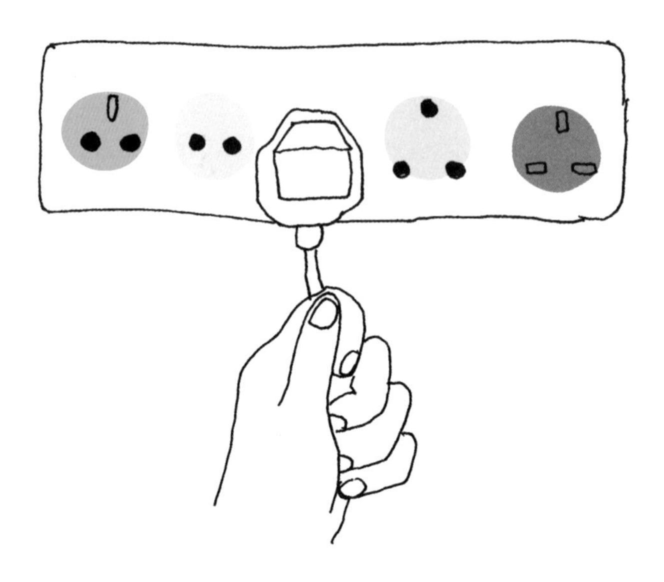

핵심포인트

· 배려와 존중을 잃지 않으면서도, 감정을 이해하고 일상의 어려움을 헤쳐나가기 위해서는 육체적· 정신적 힘이 있어야 한다.

· 신체와 내면의 세계는 서로 연결되어 있다. 이들은 상호 보완적이며, 각각 잘 돌봐야 한다.

· 우리 모두는 고유한 존재이기에 에너지를 재충전하는 자신만의 전략이 있다.

이렇게 해보자!

육체적인 에너지를 돌보라

- 수면과 음식, 삶의 균형에 신경 쓰며 배려와 존중에 필요한 에너지를 충전한다.
- 규칙적으로 호흡에 신경 쓰는 습관을 지니고, 어려운 순간에도 이를 활용한다.

내면 세계를 돌보라

- 에너지를 주고 나를 기쁘게 하는 시간을 항상 비워둔다.
- 규칙적으로 하루에도 여러 번 나의 자세에 대해 생각하며, 이 자세가 적합한지를 스스로에게 묻는다. 등을 똑바로 세우고 미소 짓는 것은 선택할 수 있는 문제이다.
- 지금 이 순간을 온전히 살 수 있도록 도와주는 명상과 요가와 같은 활동을 찾아 실천한다.

혼자서 그리고 소중한 사람들과 함께 시간을 보내며 재충전하라

아이와 함께하는 비폭력대화

- 자원을 고갈하는 삶의 리듬에 아이들을 끌어들이지 않도록 주의한다.
- 아이들이 재충전할 수 있는 활동을 찾도록 도와준다.
- 가족이 다 함께 재충전할 수 있는 활동을 찾는다.

호흡의 순간

왜 필요할까?

· 머릿속 생각에 '매달리지' 않고 지금 이 순간에 집중하며 고요를 찾기 위해서
· 에너지를 재충전하기 위해서
· 몸에 집중하는 법을 배우기 위해서
· 지금 이 순간을 사는 법을 훈련하기 위해서

언제 하면 좋을까?

· 하루의 모든 순간에
· 내면의 고요를 되찾고 싶을 때

어떻게 하면 좋을까?

6살 이하의 아이

우선 인형 하나를 준비한다. 아이가 편안한 장소에 누울 수 있도록 하고, 인형을 아이 배에 올려놓고 눈을 감으라고 한다. 이제부터 아이의 호흡으로 인형을 재우는 놀이를 할 것이다. 공기를 마실 때는 배를 부풀리고, 공기를 내뱉을 때는 배를 넣으라고 아이에게 설명한다. 아이가 천천히 호흡할 수 있도록 옆에서 격려한다.

6살 이상의 아이

아이가 자라면, 굳이 인형 재우기와 같은 놀이를 하지 않더라도 아이 스스로 호흡하는 순간을 즐길 수 있다. 명상과 관련된 오디오북을 감상할 수도 있고, 유튜브나 앱에서 '명상'을 검색하여 그것들을 통해 호흡을 다듬을 수도 있다. 하루를 시작하거나 끝내는 순간, 가족이 다 함께 명상의 시간을 갖는 것도 좋은 방법이다.

Q1. 요즘 내 에너지는 어떤가? 기력이 빨리 떨어진다고 느끼는가? 보통인가? 온전히 충전되었다고 느끼며 육체적·정신적 에너지를 모두 지니고 있는가?

Q2. 재충전하기 위해서 나는 주로 어떤 방법을 사용하는가? 육체적인 방법과 정신적인 방법은 각각 무엇인가? 이 활동을 위한 시간을 얼마나 자주 갖는가?

Q3. 배우자나 아이가 재충전하는 방법을 아는가? 무엇인가?

Q4. 온 가족이 다 함께 재충전하기 위해 가족들에게 어떤 활동을 제안해볼 수 있는가?

아름답고, 부드럽고, 단단하게!

이제 행동으로 옮겨야 한다. 비폭력대화를 우리와 같은 마음으로 실천할 가까운 이들이 있다면 더욱 좋다. 서로 돕고, 서로 귀 기울이면서, 이 길을 함께 걸어갈 수 있을 것이다.

자녀와 한 지붕 아래에서 사는 동안 의식적으로 시간을 내어 대화하자. 우리는 평생 지속될 관계의 베를 짜는 것이다. 그러니 우리가 가지고 있는 가장 아름답고, 가장 부드럽고, 가장 단단한 실로 이 베를 짜도록 하자. 이 책을 읽은 당신에게는, 비폭력대화가 바로 그러한 실이 되어줄 것이다.

감사의 말

이 책이 나오기까지

이 책을 쓰며 감사했던 분들에게 인사를 전하고 싶다. 이 길을 시작할 수 있게 해준, 지금 역시도 나와 함께 이 길을 가고 있는 로랑Laurent과 밸런틴Valentine 그리고 오로르Aurore에게 누구보다 감사하다.

조언과 격려를 해준 산드라Sandra와 블랑딘Blandine에게 감사하다.

나를 믿어준 쥘리Julie와 이 책의 일러스트레이션을 그려준 알리스 뒤페Alice Dufay에게도 감사하다.

이 책의 진행을 도와준 세골렌Ségolène과 카롤린Caroline에게도 감사하다.

시작합니다, 비폭력대화

초판 1쇄 발행 2020년 4월 23일
초판 2쇄 발행 2022년 6월 27일

지은이 | 마리안느 두브레르
옮긴이 | 주형원
펴낸이 | 金湞珉
펴낸곳 | 북로그컴퍼니

주소 | 서울시 마포구 와우산로 44(상수동), 3층
전화 | 02-738-0214
팩스 | 02-738-1030
등록 | 제2010-000174호

ISBN 979-11-90224-40-6 13590

· 원고투고: blc2009@hanmail.net

· 이 도서의 국립중앙도서관 출판예정도서목록(CIP)은 서지정보유통지원시스템 홈페이지 (http://seoji.nl.go.kr)와 국가자료공동목록시스템(http://www.nl.go.kr/kolisnet)에서 이용하실 수 있습니다.(CIP제어번호 : CIP2020014043)